MAGNUM

PATRONEN - REVOLVER - PISTOLEN - DISZIPLINEN

Norbert Klups

Motor
buch
Verlag

Umschlaggestaltung: Sven Rauert unter Verwendung von Bildern aus dem Archiv des Autors.

Bildnachweis: Alle Bilder stammen aus dem Archiv des Autors oder sind gemeinfrei via Wikimedia Commons (CC BY-SA). Weitere Abbildungen: Auktionshaus Hermann Historica: Seiten 12, 14, 15, 17, 58, 59, 61, 62, 73, 124, 132 und 235; Deutsches Waffen Journal: Seiten 191-194. Veranstalter des Freedom Arms Shot (https://www.fa-shoot.de) Seiten 203-219.

ISBN: 978-3-613-04837-9

1. Auflage 2026

Sie finden uns im Internet unter www.motorbuch-verlag.de

Lektorat: Martin Benz M. A.
Innengestaltung: Jürgen Knopf, Medien und Printprodukte, 74321 Bietigheim-Bissingen
Druck und Bindung: Graspo CZ, 76302 Zlin,
Printed in Czech Republic

Inhalt

Wirkung eines Hohlspitzgeschosses .44 Magnum auf einen Block feuchten Ton.

Vorwort

Leistungsstarke Patronen für Faustfeuerwaffen und die dazu gehörigen Revolver und Pistolen üben eine große Faszination auf viele Schützen, Jäger und Waffenliebhaber aus. Das belegen schon die Munitionsentwicklungen der letzten Jahre und die Verkaufszahlen der Waffen, aus denen die »Power-Kaliber« verschossen werden, deutlich. Hier geht es nicht um die Verwendung als Waffe im klassischen Sinne als Dienstwaffe, zum Selbstschutz, als Fangschusswaffe oder als Sportgerät. Dazu ist ein wirklich großkalibriger Magnum-Revolver, wie etwa das Freedom-Arms-Modell im Kaliber .454 Casull, kaum oder doch nur sehr bedingt geeignet. Lediglich Revolver im Kaliber .357 Magnum, .41 Magnum oder .44 Magnum lassen sich dazu noch verwenden und werden daher von vielen Jägern gern geführt. Als Dienstwaffen haben Revolver aber längst ausgedient. Auch zum Selbstschutz stellen große und schwere Magnum-Revolver nicht gerade die beste Wahl dar – wozu es aber verschiedene Ansichten gibt.

Moderne Selbstladepistolen mit hoher Magazinkapazität in einem wirkungsvollen und leicht beherrschbaren Kaliber wie 9 mm Luger, .357 SIG oder .40 S&W erfüllen diese Aufgaben sehr viel besser und preisgünstiger. Die Entwicklung, der Aufwand und die Kosten, um eine Hochleistungs-Faustfeuerwaffe in einem Kaliber zu bauen, das eine Mündungsenergie wie eine Gewehrpatrone liefert, sind extrem hoch und die Anwendungsmöglichkeiten sehr begrenzt.

Warum sprießen also ständig neue Magnum-Kaliber mit immer höherer Leistung wie Pilze aus dem Boden – und das nicht nur als so genannte *Wildcats* für Waffen in Einzelanfertigung, sondern auch als Fabrikpatronen für Serienwaffen? Man denke nur an Kaliber wie .480 Ruger, .500 S&W oder .50 Action Express, für die verschiedene Hersteller in kürzester Zeit mehrere Waffenmodelle konstruierten und auf den Markt brachten.

Die Antwort ist eigentlich ganz einfach: Es macht riesigen Spaß, mit einer solchen »Handkanone« zu schießen. Der praktische Nutzen tritt dabei eher in den Hintergrund. Vergleichbar etwa mit Hochleistungs-Motorrädern, deren Leistung auch niemand außerhalb der Rennstrecke vernünftig nutzen kann. Trotzdem werden sie in großen Stückzahlen verkauft.

Wer einen Casull- oder Linebaugh-Revolver auf dem Schießstand auspackt, kann sich der Aufmerksamkeit seiner Nachbarschützen sicher sein – spätestens nach dem ersten Schuss. Es reizt einfach, eine solche Hochleistungswaffe mit all ihren Nebenwirkungen, wie Knall und Rückstoß, zu beherrschen und damit präzise zu treffen. Einen Bowlingpin nach einem Treffer mit der .500 S&W meterweit durch die Luft fliegen zu sehen, der bei einem .45-ACP-Treffer nur müde wippt, bildet für viele Schützen einen Hochgenuss, der sie die Kosten für Waffe und Munition schnell vergessen und das nach 30 Schuss schmerzende Handgelenk gern in Kauf nehmen lässt.

Hier steht eindeutig der Spaßfaktor im Vordergrund und nicht das Streben nach Ringzahlen. Das Wiederladen der Munition wird schnell zum Selbstzweck; Ladedaten und die damit erreichten Leistungen bieten unerschöpflichen Diskussionsstoff unter den Anhängern der »dicken Kaliber«. Dass im Lauf der Zeit auf die Leistung der Waffen abgestimmte neue Wettkampf-Arten entstanden, ist nur logisch; zumal bei den üblichen sportlichen Schießwettbewerben mit den meisten Magnumwaffen ein Start nicht möglich oder sinnvoll ist, sofern man vorn mitmischen will. Geht es aber um weite Distanzen und um eine möglichst hohe Energie, wie sie etwa das Silhouettenschießen zwingend erfordert, um mehrere Kilogramm schweren Stahlscheiben auf 100 oder 200 m vom Podest zu stoßen, sind »Supermagnums« in ihrem Element.

Auch die in den USA und vielen anderen Ländern sehr beliebte Jagd mit Faustfeuerwaffen hat viel zur Entwicklung leistungsstarker Kaliber beigetragen. Heute gibt es wohl kaum noch eine Wildart, Elefant und Büffel eingeschlossen, die von Jägern nicht schon mit Revolver oder Pistole erlegt worden wäre. Um Großwild sicher zu erlegen, ist eine sehr hohe Mündungsenergie und Tiefenwirkung des Geschosses notwendig. Um dies mit einer Faustfeuerwaffe zu schaffen, muss die Patrone in einen Bereich vordringen, der sich eigentlich nur mit einer erheblich schwereren Büchse erreichen lässt. Gerade dies aber stellt die Herausforderung dar, die Entwickler von Waffen und Munition zu immer neuen Höchstleistungen treibt.

Mittlerweile steht eine ansehnliche Typenvielfalt an Magnum-Patronen und eine große Auswahl an Waffenmodellen zur Verfügung. Auch wer keinen Elefanten oder Grizzly mit dem Revolver erlegen, sondern nur mal einige Papierscheiben löchern und den »Kick« einer Magnum spüren möchte, findet hier durchaus erschwingliche Möglichkeiten. Zumindest bei den Serienmodellen halten sich die Verkaufspreise in moderaten Grenzen.

Dieses Buch zeigt die Entwicklung der leistungsstarken Magnum-Patronen für Faustfeuerwaffen auf, informiert über die verschiedenen Kaliber, die dafür eingerichteten Waffen mit ihren technischen Daten und gibt Tipps und Ratschläge zum Schießen mit diesen Waffen. Es beschäftigt sich darüber hinaus mit den Mythen und Legenden, die sich um Magnum-Kurzwaffen ranken und zeigt, was Waffen und Munition wirklich leisten. Es spricht die speziellen Wettkämpfe, wie »Desert Eagle Cup« oder »Casull Cup«, an und vergisst auch nicht die Ur-Disziplin der »Supermagnums«, das Silhouettenschießen. Im Anhang findet sich eine Übersicht der Magnum-Patronen mit Leistungsdaten. Ein Buch für Liebhaber von Hochleistungs-Faustfeuerwaffen, deren eigentlicher Zweck der Spaß und die Freude am Umgang mit ihnen ist.

Im Frühjahr 2026
Norbert Klups

Es gibt keine Grenzen

Schaut man sich an, was speziell in den USA jedes Jahr an neuen Waffen- und Munitionsentwicklungen auftaucht, reift schnell die Erkenntnis: Es gibt keine Grenzen. Die Grenzen zwischen Langwaffen- und Kurzwaffenkaliber sind längst verwischt, jede Gewehrpatrone, die sich in einer Kurzwaffe unterbringen lässt, wird dazu auch verwendet. Passt sie nicht, wird die Hülse eben gekürzt oder eingewürgt, und gibt es keine passende Kurzwaffe dafür, wird eine gebaut. In den USA gibt es dafür kaum Beschränkungen, wer mag und sich auskennt, baut sich so eine »Handkanone« selbst. Die Munitionsentwicklung vollzieht sich meist nach der Methode »Try and Error«; oder anders gesagt: Waffe hält, Ladung in Ordnung. In Deutschland unter den zahlreichen Beschränkungen des staatlichen Beschusswesens und den Hürden der Waffenherstellungs-Erlaubnis nicht vorstellbar. Da bleibt für den »Magnumfreak« nur der neidische Blick über den Großen Teich oder das Abonnement einer US-amerikanischen Waffenzeitschrift wie *Guns & Ammo* oder *Handguns*, wo die neuesten Entwicklungen vorgestellt werden.

Bei Berichten über Revolvern wie dem *.460 Whitman Super Magnum*, auch als *Woods White Horse Magnum* bekannt, der eine gekürzte .460 Weatherby Magnum verschießt, die lange Zeit als stärkste Gewehrpatrone der Welt galt, kann sich der deutsche Leser nur die Augen reiben. Der Revolver misst satte 48 cm in der Länge und wiegt 3,4 kg. Wem das »*too much*« sein sollte, kann dazu eine Wechseltrommel erwerben für die Patrone .457 Magnum, eine gekürzte .458 Winchester Magnum. Sicher bleiben aus dem Revolverlauf von den gewaltigen 11.000 Joule einer .460 Weatherby Magnum nur noch knapp 4000 Joule übrig. Dafür kracht es aber gewaltig und neben dem 3,4-kg-Revolver sieht

BFR-Revolver im Büchsenkaliber .450 Marlin.

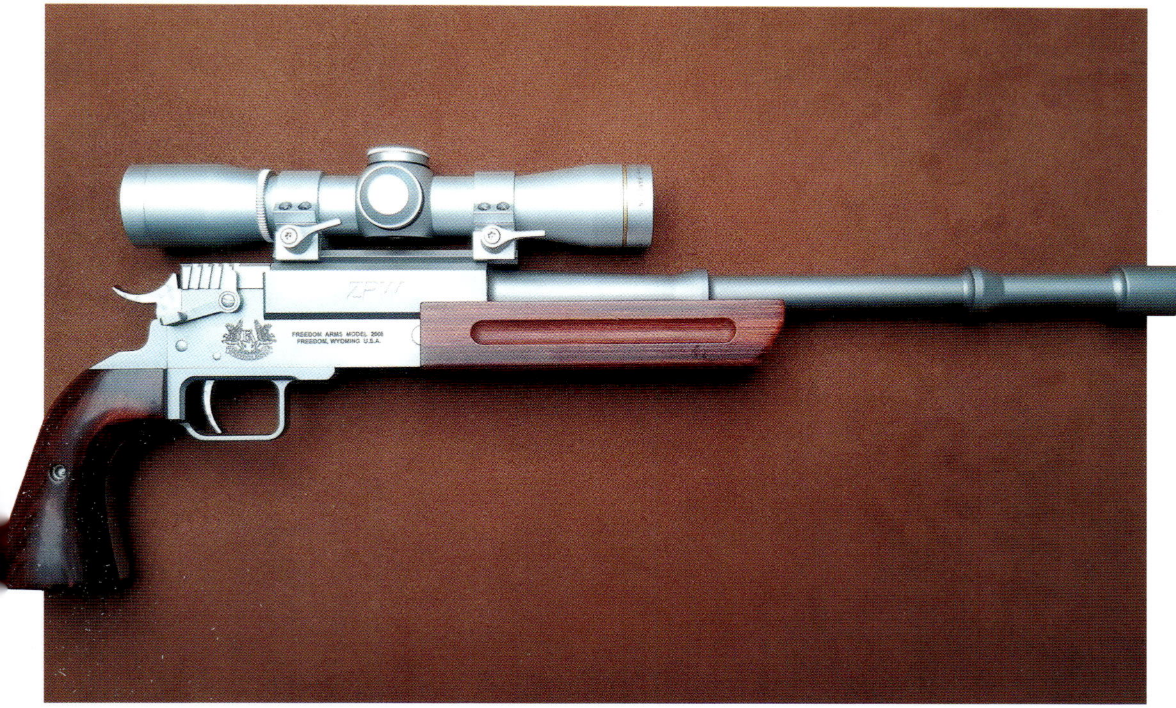

Custom-Umbau einer Freedom Arms-Kipplaufpistole im Kaliber 7 x 49 GWJ.

ein Freedom Arms .454 Casull aus wie ein Spielzeug. Mehr geht immer, dachte sich wohl der Erfinder der .458 Kermode-Pistole, die bereits Mitte der 1960er-Jahre heraus kam und Patronen auf Basis gekürzter und aufgeweiteter Hülsen .300 Holland & Holland Magnum verschießt. Das 350-grs-Geschoss verlässt mit immerhin 610 m/sek den Lauf und bringt es auf 4550 Joule. Stoßen Revolver an ihre Grenzen, greift man gern zu Kipplaufpistolen. Besonderer Beliebtheit erfreuen sich in den USA *Custom*-Läufe für das Thompson/Center-Modell »Contender«. Die Firma SSK Industries in Bloomingdale/Ohio gilt hier als gute Adresse. .45/70-Government-Läufe sind da noch harmlos, die rasante .308 x 1,5 – eine geschrumpfte .308 Winchester – bringt schon mehr »Power«. Warum aber schrumpfen, dachte sich die Firma Marshal aus Preston/Idaho und bietet »Contender«-Pistolenläufe für die .308 Winchester in Originallänge an. Dass »Contender«-Hersteller Thompson/Center dafür jegliche Haftung und Garantie ablehnt, erübrigt sich zu erwähnen.

Reicht noch nicht? Auch kein Problem, schließlich gibt es noch Lee Jurras, einer der härtesten »Freaks« im Magnumgeschäft.

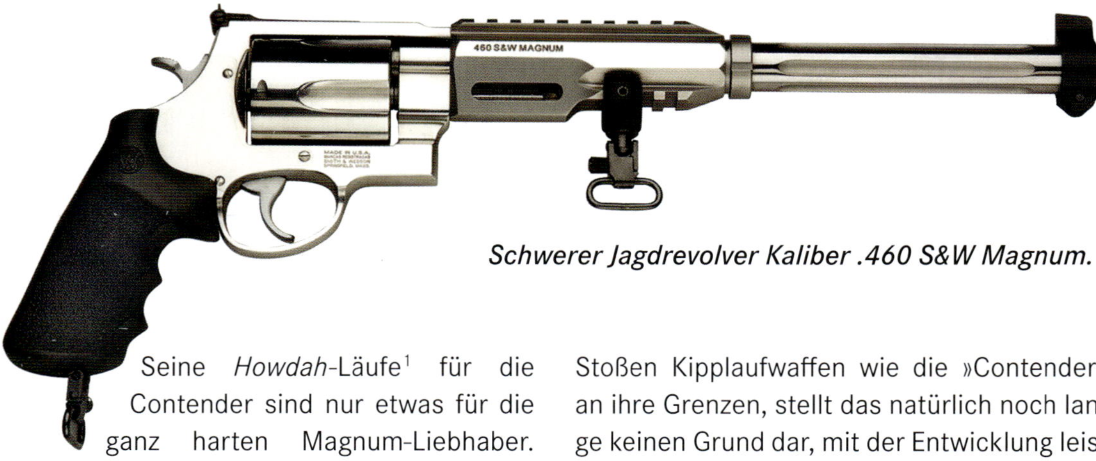

Schwerer Jagdrevolver Kaliber .460 S&W Magnum.

Seine *Howdah*-Läufe[1] für die Contender sind nur etwas für die ganz harten Magnum-Liebhaber. Eine .465-Bell-Hülse wird mit einem 400-grs-Geschoss bestückt oder auf .375 eingezogen und dann mit einem 285-grs-Projektil laboriert. Das bringt es dann auf 540 m/sek und 2750 Joule. Schon heftig für eine »Contender«; beim Testschießen klappte dann auch das System auf und das Zündhütchen ging nach hinten los. Einen echten Magnum-Fan schreckt so etwas aber nicht. Wer es nicht viel weniger heftig, aber dafür noch halbwegs sicher haben will, sollte zur Patrone .357 Herrett greifen. Die bringt aus der »Contender« auch 2750 Joule und hat sogar den Segen vom »Contender«-Hersteller T/C. Ist freilich nicht ganz so spektakulär, aber auch in Deutschland zu haben. Das lässt sich von den JDJ-Patronen für die »Contender« hingegen nicht behaupten. Die .375 JDJ heizt ein 300-grs-Geschoss auf 575 m/sek und erlangte jede Menge Berühmtheit, als US-Handwaffen-Legende Larry Kelly (1935–2010) damit einen Elefanten erlegte.

Stoßen Kipplaufwaffen wie die »Contender« an ihre Grenzen, stellt das natürlich noch lange keinen Grund dar, mit der Entwicklung leistungsstarker Patronen aufzuhören. Schließlich sind Zylinderverschlüsse bedeutend robuster. So wandte man sich zunächst der Remington XP-100 zu, die der Firma Sinclair als Ausgangsbasis für *Custom*-Pistolen bis zum Kaliber .458 Winchester Magnum diente. Dann kamen die Silhouetten-Pistolen von Wichita und Weatherby. Eine .308 Winchester ließ sich aus den 2 kg schweren Pistolen mit noch durchaus moderatem Rückstoß verschießen, worauf man eine große Auswahl an Gewehrpatronen zwischen 6,5 und 8 mm für sie einrichtete. Hier bleibt sicher noch eine Menge zu erwarten.

Echte Grenzen scheint es nicht zu geben. Hat man bislang noch nichts von Kurzwaffen für die (ursprünglich schwere MG-)Patrone .50 Browning gehört, heißt das noch lange nicht, dass nicht schon Versuche stattfanden. Über Misserfolge wird nur nicht so gern gesprochen. Ausschließen sollte man gar nichts. Selbst die Behauptung, es sei nicht möglich, eine Pistole für die 35-mm-Granatpatrone des Flak-Panzers »Gepard« einzurichten, würden einige sicher nur als Herausforderung betrachten... Den Rekord hält wohl zur Zeit noch Otto Ziller mit seinem 6200 Joule starken Revolver im Kaliber .600

1 Für Tigerjagden aus der Elefantenkuppel (= *Howdah*) entwickelten englische Großwildjäger im 19. Jahrhundert großkalibrige mehrläufige Pistolen zur Abwehr von Tigern, die zum Sprung auf die *Howdah* ansetzten. Näheres im nächsten Kapitel.

Ein deutscher Janz-Revolver im Kaliber .500 S&W.

Nitro Express. Es gibt aber sicher »Freaks«, die gerade dabei sind, auch diesen Rekord zu knacken.

Der »Magnumtick« scheint eine weit verbreitete Krankheit zu sein und eine ansteckende noch dazu. Das einzige Mittel, damit klar zu kommen, stellt eben die nächst stärkere Patrone dar – bis man an seine persönlichen Grenzen stößt. Zugegeben, mich hat es auch erwischt. Selbst wenn es in Deutschland wie im übrigen Europa nicht die Möglichkeiten wie in den USA gibt, so besteht doch jede Menge Gelegenheit, sich »auszutoben«. Und ein Revolver .454 Casull oder .460 S&W bietet jede Menge Leistung. Dazu bewegt man sich in den sicheren Bahnen des staatlichen Beschusses – wobei es auch hierzulande einige experimentierfreudige Wiederlader geben soll, die schon die ein oder andere Waffe geschrottet haben.

Aus diesem Grunde verzichtet der Verfasser auf Ladungsangaben für Magnum-Patronen, auch wenn er immer wieder danach gefragt wird. In Deutschland gibt es für alles eine Grenze, und die stellt in diesem Fall der im Beschussgesetz angegebene Höchstgasdruck dar. Aber auch damit kann man jede Menge Spaß haben.

Die Handkanonen der Vorderladerzeit

Howdah-Pistolen

Die großkalibrigen Steinschloss- und Perkussionspistolen der Altvorderen erbrachten durch ihre großen Kaliber und die langen Läufe beachtliche Leistung, indem die weichen Bleirundkugeln eine hohe Stoppkraft entwickelten. Dafür haperte es an der Treffgenauigkeit und es stand nur ein Schuss zur Verfügung. Danach war zeitraubendes Nachladen angesagt. Als praktischer erwiesen sich doppelläufige Pistolen, mit denen zumindest zwei Schuss abgegeben werden konnten. Beim Militär – und hier vor allem der Reiterei

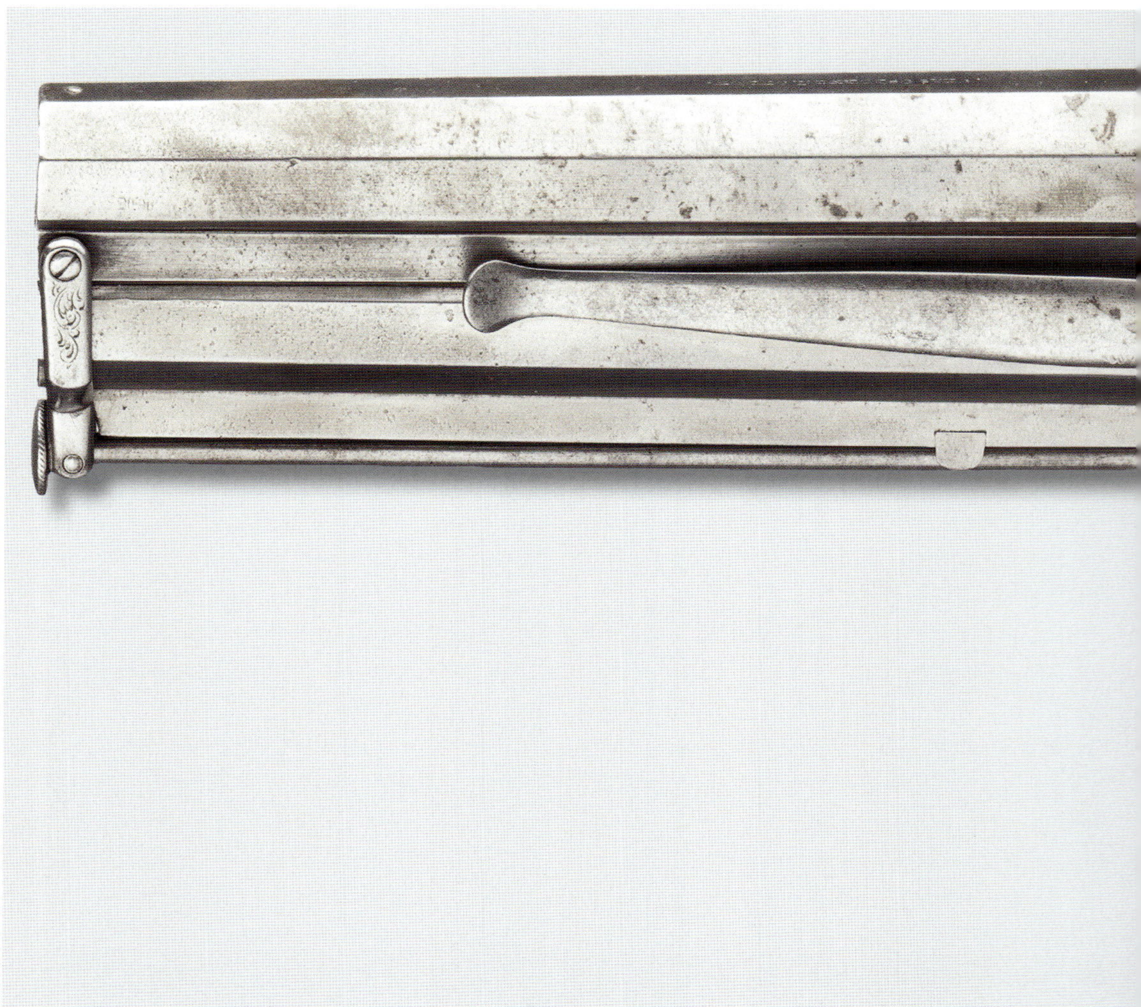

als Hauptnutzer von Pistolen – waren sie aber kaum zu finden, da zu teuer und aufwändig in der Herstellung. Es setzte auf einläufige Vorderladerpistolen.

Die ersten wahren »Magnum«-Kurzwaffen stellten wohl die so genannten *Howdah*-Pistolen für die Tigerjagd dar. Als englische Kolonialoffiziere und -beamte im 18. Jahrhundert begannen, in Indien Großwild zu jagen, fanden nach dem Vorbild indischer Fürsten Tigerjagden vom Elefantenrücken aus statt. Dabei kam es in dichtem Gebüsch oder meterhohem Elefantengras gar nicht so selten vor, dass ein Tiger die Jäger in der Elefantenkuppel – der *Howdah*, einer Plattform mit Sitzen – überraschend ansprang. Um die gefährliche Großkatze auf nächste Entfernung zu stoppen, benötigte man daher ebenso handliche wie großkalibrige Kurzwaffen. So entstanden die *Howdah*-Pistolen mit zwei und manchmal

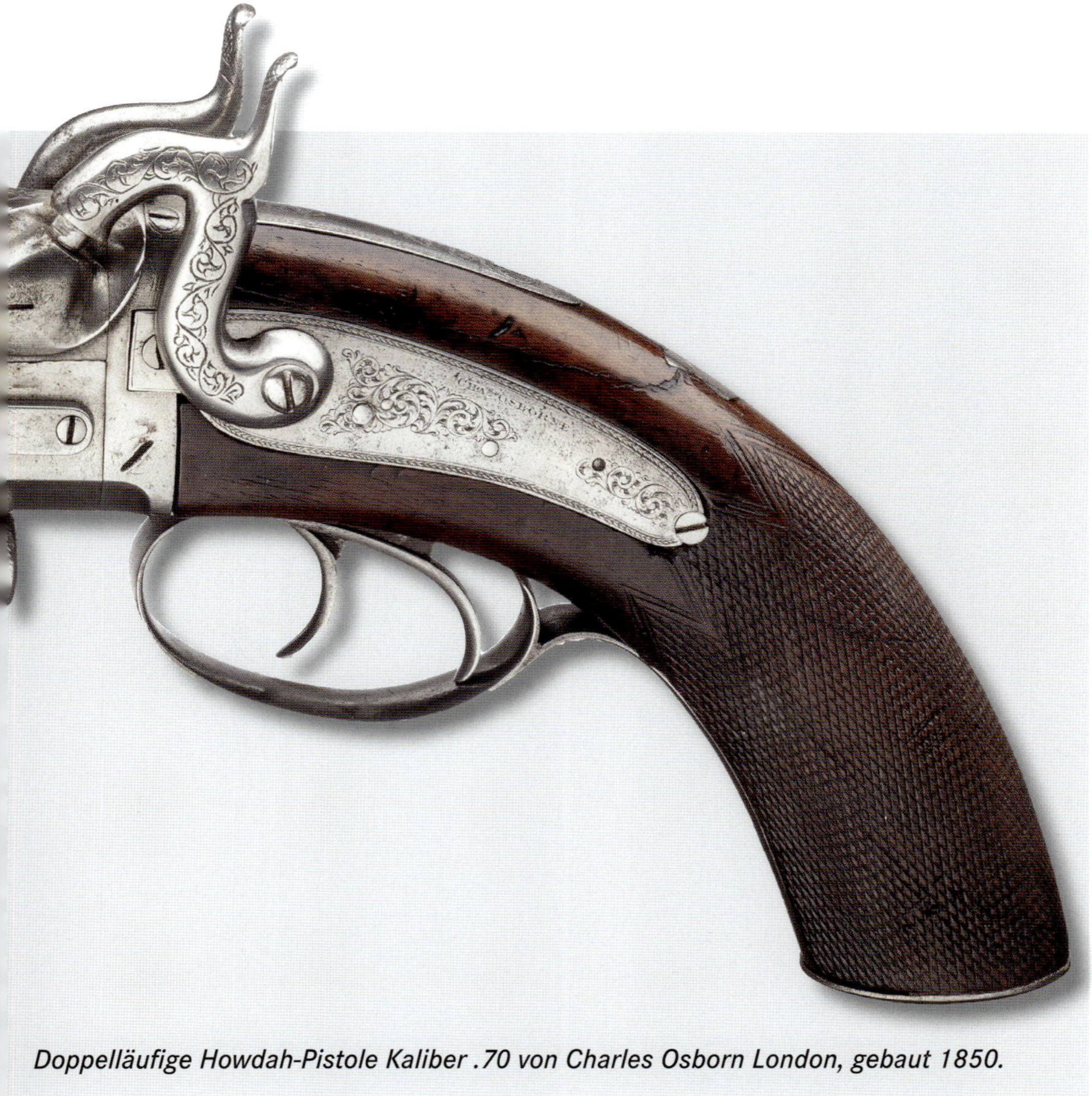

Doppelläufige Howdah-Pistole Kaliber .70 von Charles Osborn London, gebaut 1850.

vier Läufen. Bei den ersten *Howdah*-Typen handelte es sich wohl um gekürzte Steinschloß-Doppelbüchsen. Später fertigten britische Büchsenmacher spezielle *Howdah*-Pistolen. Großwildjäger führten *Howdah*-Pistolen aber nicht nur in Indien, sondern auch in Afrika bei der Jagd auf wehrhaftes Großwild wie Löwen, Leoparden, Elefanten und Büffel. Zunächst als Vorderlader mit Steinschloss-, dann mit Perkussionszündung und nach Einführung der Metallpatronen als Hinterlader-Kipplaufpistolen; darunter 20er-Schrotkaliber. *Howdah*-Pistolen wurden gern für englische Militär-Gewehrkaliber wie .577 Snider oder .576 Enfield eingerichtet. Auch das 20er- Schrotkaliber wurde mitunter ver-

wendet, dann mit Flintenlaufgeschossen geladen. Die Stoppwirkung der großkalibrigen Patronen war gewaltig, was aber auch für den Rückstoß galt. Sehr zielgenau waren die Waffen nicht und brauchten es auch nicht zu sein: sie stellten sozusagen die letzte Chance im Deutschuss dar, wenn das gefährliche Wild schon ganz nah heran war.

Grundsätzlich galt: Behielt der Jäger die Nerven und schoss erst auf absolute Nahdistanz – etwas anderes blieb ihm auch kaum übrig – bildeten *Howdah*-Pistolen seine beste Lebensversicherung.

Die meisten *Howdah*-Pistolen wurden in England gefertigt und sind heute gesuchte und teuer bezahlte Sammlerstücke.

Weitere doppelläufige Howdah-Vorderladerpistole aus einer englischen Büchsenmacher-Werkstatt.

Die ersten Hinterlader: Vierläufige Lancaster-Pistole Kaliber .476 CF mit rotierendem Schlagbolzen und Spannabzug (ohne manuelle Hahnspannung).

Ansicht der Lancaster-Pistole von links. Man beachte den Öffnungs- und Verschlusshebel.

Davide Pedersoli fertigt eine Replika einer doppelläufigen Howdah-Pistole mit Steinschlossen im Kaliber 20.

Howdah-Pistole von Pedersoli im Kaliber .45LC/.410. Durch ein spezielles Patronenlager kann die Waffe sowohl .45er-Kugelpatronen als auch .410er-Schrotmunition verschießen.

Der Colt »Walker«

Die Ära der mehrschüssigen Kurzwaffen begann mit den Perkussionsrevolvern von Samuel Colt (1814–1862). Vorher hatte es zwar schon Waffen mit drehbarem Laufbündel gegeben, aber die Colt-Trommelrevolver ließen sich einfacher herstellen und leichter laden. Das Modell »Paterson« bildete den ersten markttauglichen Colt-Revolver. Große Stück- und Verkaufszahlen ließen sich aber zunächst nicht erzielen und die Kaliber fielen für die damalige Zeit eher klein aus. Vom »No. 1 Pocket Model« im Kaliber .28 fertigte Colt lediglich 500 Exemplare, von den größeren »No. 2« und »No. 3 Belt Model« in den Kalibern .31 und .32 etwas über 900 Stück. Das »No. 5 Holster Model« im Kaliber .36 brachte es dann auf eine Stückzahl von 1000. Das Besondere am Colt »Paterson« stellte der Klappabzug dar, der einen Abzugsbügel überflüssig machte: beim Spannen des Hahns klappte der Abzug aus. Nach der Benutzung konnte man ihn wieder einklappen. Dadurch ließ sich der Revolver sehr gut ohne Holster im Gürtel tragen. Die Trommel des »Paterson« nahm fünf Schuss auf; zum Laden musste der Lauf abgenommen werden. Eine als Zubehörteil gelieferte Laderamme diente zum Setzen der Kugeln.

Der »Paterson« erwies sich als anfällig gegen Störungen und auch dem zum Schluss verwendeten .36er-Kaliber mangelte es an Stoppkraft. Dabei suchte vor allem das US-Militär einen Revolver, dessen Aufhaltewirkung den bisher benutzten einschüssigen Perkussionspistolen entsprach. Vor allem in den Indianerkriegen mussten sich US-Soldaten oft zu allem entschlossene Krieger vom Leib halten, wozu ein .36er- Revolver nur bedingt taugte.

Zur Entwicklung einer Kurzwaffe mit hoher Stoppkraft tat sich Samuel Colt mit dem erfahrenen Kämpen *Captain* Samuel Hamilton Walker (1817–1847) zusammen, der in verschiedenen Feldzügen gegen Creek und Mexikaner gekämpft hatte und 1844 schließlich den Texas Rangern beitrat. So entstand auf Basis des Colt »Paterson« der Colt »Walker«. Eine gewaltige Handkanone, die mit einem Gewicht von über 2,5 kg den schwersten bis heute in Serie gefertigten Colt-Revolver darstellt. Er wurde in Whitneyville in der Fabrik von Ely Whitney hergestellt, da Colt noch keine eigene Fertigungsstätte besaß. Grundlage bildete der »Texas-Paterson« unter Verzicht auf den klappbaren Abzug und unter Anbringung einer Laderamme unter dem Lauf. Im weiteren Unterschied zum »Paterson« erhielt der »Walker« eine sechsschüssige Trommel und das Kaliber steigerte sich auf .44. Die sehr lang gehaltene Trommel nahm eine große Pulverladung auf; die Lauflänge betrug 9 Zoll (22,86 cm). Das berittene US-Militär verwendete die Waffe als Ersatz für die einschüssigen Sattelpistolen, wobei der »Walker« nach wie vor paarweise im Doppelholster am Sattel geführt wurde. Vom »Walker« wurden nur 1100 Stück hergestellt, davon gingen 1000 an die Dragoner der *First United States Mounted Rifles*, wo *Captain* Walker die C-Kompanie führte. Die restlichen 100 wurden auf dem zivilen Markt verkauft. Beschwerden über mangelhafte Wirkung des »Walker« gab es keine, eher schon über das Gewicht und den Rückschlag. Das Nachfolgemodell, der Colt »Dragoon 1848« fiel daher nicht nur leichter aus, sondern erhielt auch eine deutlich kürzere Trommel für leichtere Ladungen. Der »Dragoon« kam zwar ebenfalls im Kaliber .44, war aber wegen der kürzeren Trommel nicht mehr so leistungsstark. Die Trommelkammern des »Walker« fassten Pulverladungen von jeweils 3,9 g, die danach gebauten .44er-Perkussionsrevolver waren etwa für die Hälfte ausgelegt. Unter dem Strich aber stellt der Colt »Walker« den bekanntesten »Magnum«-Revolver der Vorderaderzeit dar. Legt man die rechnerische Mündungsenergie zu Grunde, entsprach er leistungsmäßig in etwa einem modernen Revolver Kaliber .357 Magnum. Die Stoppkraft dürfte durch die Weichbleikugeln sehr hoch ausgefallen sein. In Anbetracht der Mündungsgeschwindigkeit und der erzeugten Energie hält der »Walker« noch immer den Rekord für die stärkste Kurzwaffe, die je ans US-Militär ausgegeben wurde. Entgegen landläufiger Meinung (besonders in den USA) war er jedoch nicht die stärkste Kurzwaffe, da einige österreichische und britische Revolver der 1850er-Jahre, wie z. B. der Adams-Beaumont, mit .54 und .56 noch größere und »stoppfreudigere« Kaliber aufwiesen.

Einen originalen Colt »Walker« werden Sammler heute kaum noch bekommen – und wenn, dann zu einem exorbitanten Preis. Das Schießen mit einer solchen historischen Originalwaffe verbietet sich von selbst. Auf das Gefühl, einen derartig leistungsstarken Perkussionsrevolver im Schuss zu erleben, brauchen Schützen dennoch nicht zu verzichten. Verschiedene Hersteller, meist italienischen Firmen wie Uberti oder Armi San Marco, bieten sehr gute »Walker«-Nachbauten an. Sie eignen sich nicht nur hervorragend zum Schießen, sondern sind auch für deutlich geringere Summen von wenigen Hundert Euro zu haben. Aus modernem Stahl gefertigt und staatlich beschossen, verdauen sie selbst stärkste Schwarzpulverladungen problemlos, was man von den Originalrevolvern nicht behaupten konnte. Geplatzte Trommeln waren seinerzeit nicht gerade selten. Eine Colt-»Walker«-Replik mit voller Ladung abzufeuern, stellt schon ein besonderes Erlebnis dar. Neben dem heftigen Rückschlag beeindruckt vor allem die gewaltige Qualmwolke der starken Schwarzpulverladung. Die modernen Nachbauten sind zudem erstaunlich treffsicher. Zum Einstieg in das Schießen mit Magnum-Kurzwaffen ist der Colt »Walker« zweifelsohne eine preisgünstige Sache. Leider gibt es immer weniger Schießstände, die das Schießen mit Vorderladerwaffen erlauben.

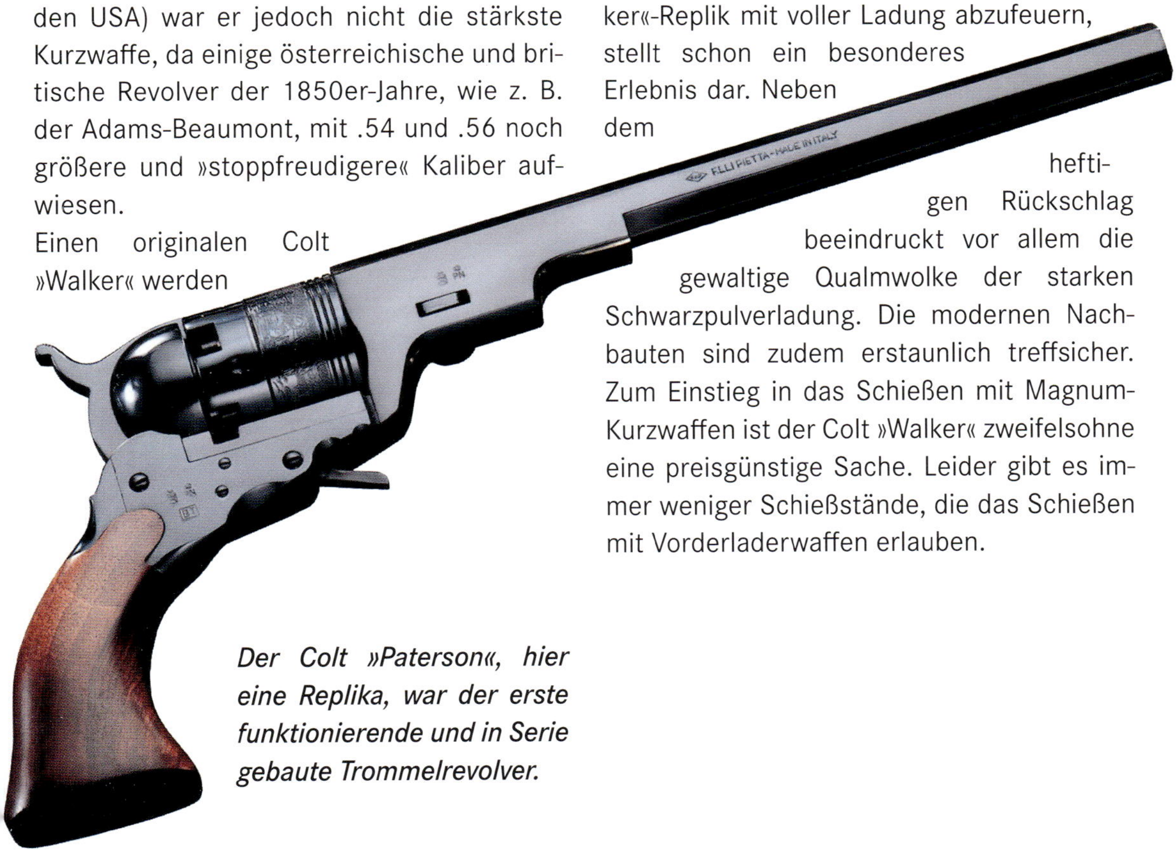

Der Colt »Paterson«, hier eine Replika, war der erste funktionierende und in Serie gebaute Trommelrevolver.

Colt »Walker«, der Magnum der Vorderladerzeit, im Vergleich zu einem Colt-Revolver Kaliber .38.

Wie alles begann - die .357 Magnum

Pionier Smith & Wesson

1935 brachte US-Waffenhersteller Smith & Wesson einen Revolver heraus, dessen Kaliberbezeichnung erstmals den Zusatz »Magnum« trug. Damit begann die Geschichte der modernen Magnum-Kaliber, die noch lange nicht zu Ende ist. Die Revolverpatrone .38 Special war zu dieser Zeit bestens etabliert und jeder Revolverhersteller hatte Modelle für sie eingerichtet. Doch bereits in der Prohibitionszeit der 1920er- und 1930er-Jahre bemängelten US-Polizisten die Durchschlagskraft der .38 Special bei Schießereien mit bestens ausgerüsteten Schmuggler- und Gangsterbanden, die neben gepanzerten Fahrzeugen und Maschinenpistolen bereits Schutzwesten mit eingeschobenen Stahlplatten einsetzten. Allgemein zeigten sich viele Nutzer unzufrieden mit der Leistung der .38 Special, weshalb Munitionsexperten wie Elmer Keith und Phillip B. Sharpe mit verstärkten Ladungen dieser Patrone zu experimentieren begannen. 1930 kam Smith & Wesson den Behördenwünschen nach einer stärkeren Faustfeuerwaffe nach und präsentierte einen neuen Revolver

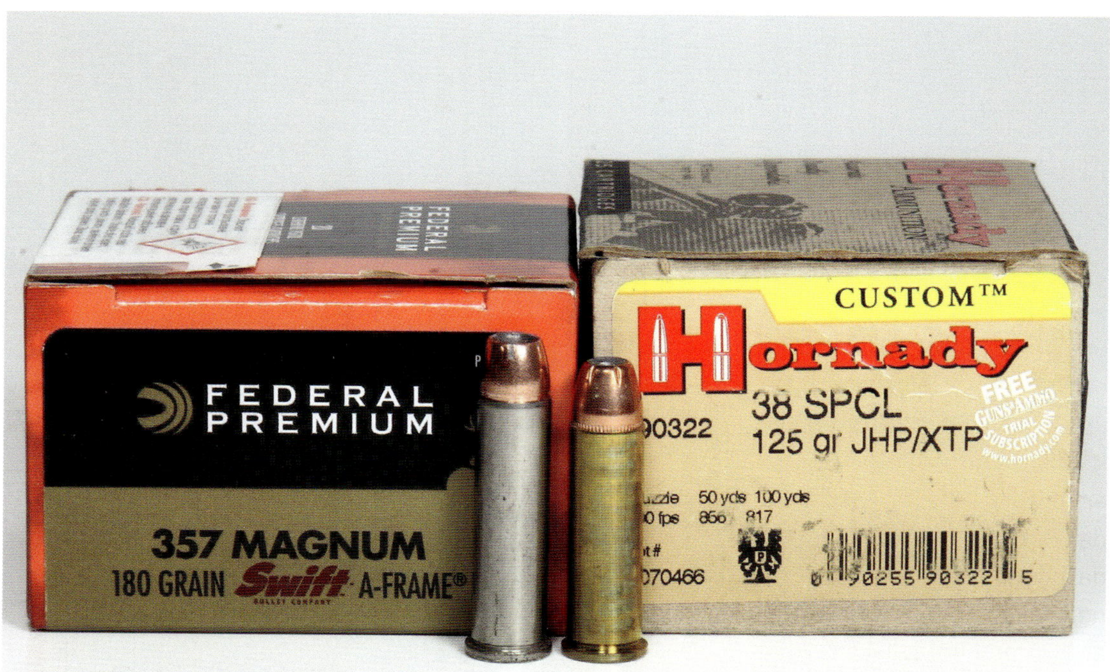

Die .357 Magnum ist eine verlängerte Patrone .38 Special.

Das Smith & Wesson-Modell 27 war der erste .357er-Revolver, mit ihm begann das moderne Magnum-Zeitalter.

mit der Modellbezeichnung ».38/44 Heavy Duty«, der den stabilen Rahmen des ».44 Hand Ejector« bekam und für die neue Patrone .38/44 S&W Special eingerichtet war. Das neue Kaliber war nichts anderes als eine stärker geladene .38 Special. Der Zusatz »44« wies lediglich darauf hin, dass diese Munition nur aus Revolvern mit ursprünglich .44er-Rahmen verschossen werden sollte – keineswegs aber aus .38 Special-Taschenrevolvern mit kleinem und mittlerem Rahmen. Die .38/44 erfreute sich in Polizeikreisen rasch steigender Beliebtheit. Smith & Wesson brachte den dazugehörigen Revolver in fünf verschiedenen Lauflängen heraus, darunter eine Jagdausführung mit 8⅜-Lauf.

Der Journalist und Wiederladeexperte Phil Sharpe sah aber die Möglichkeiten der .38 Special längst nicht ausgeschöpft und experimentierte mit noch stärkeren Ladungen. Die Grenzen setzten eigentlich nicht die Hülse der .38 Special, sondern vielmehr die zur Verfügung stehenden, nicht für hohe Gasdrücke ausgelegten Waffenmodelle. Die Lösung des Problems brachte schließlich ein Jagdausflug mit Doug Wesson, dem Sohn des 1920 verstorbenen Chefs von Smith & Wesson, Joe H. Wesson. Doug Wesson ließ sich davon überzeugen, dass eine leistungsgesteigerte .38er-Patrone auch kommerziell sehr interessant sei und begann mit der Entwicklung eines neuen Revolvers, der den höheren Drücken standhalten sollte. Für die Munitionsentwicklung holte er die Firma Winchester mit ins Boot. Den Winchester-Fachleuten aber war die bloße Leistungssteigerung der .38 Special auf das Dreifache zu »heiß«. Sie befürchteten Waffensprengungen, wenn die neue Patrone aus den reichlich auf dem Markt vorhandenen .38 Special-Revolvern verschossen würde.

Der S&W Mod. 28, »Highway Patrolman« war die preisgünstige Ausführung des Modells 27 für die US-amerikanische Polizei.

Um die Verwendung in alten Revolvermodellen auszuschließen, verlängerte man die Hülse um .135 Zoll (3,43 mm), was den zusätzlichen Vorteil eines größeren Pulverraumes für noch mehr Leistung brachte.

Das Ergebnis stellte einen großen Wurf in der Entwicklung der Revolvermunition dar. Die neue Patrone erreichte mit einem 158-grs-Geschoss aus einem 8¾-Zoll- Lauf eine Mündungsgeschwindigkeit von 462 m/sek, was 1093 Joule Mündungsenergie entsprach. Damit war sie dreimal so stark wie die .38 Special und hielt bis zur Einführung der .44 Magnum im Jahre 1955 den Titel »stärkste Fabrikpatrone für Kurzwaffen«. Die verkaufsträchtige Zusatzbezeichnung »Magnum« stammte von Doug Wesson, der sich dabei wohl von den damals beliebten 1,5-Liter-Champagnerflaschen inspirieren ließ, die ebenfalls die Zusatzbezeichnung »Magnum« (Lateinisch = groß) trugen. Der genaue Geschossdurchmesser betrug .357 Zoll (9,068 mm). So wurde die neue Patrone 1935 als .357 Magnum vorgestellt; der von Smith & Wesson entwickelte Revolver trug die schlichte Modellbezeichnung ».357 Magnum«. Klagen über mangelnde Leistung der neuen Patrone blieben aus. Sie durchschlug die damals gängigen Schutzwesten und Verbrecher konnten sich selbst in leicht gepanzerten Fahrzeugen nicht mehr sicher fühlen. Das FBI war begeistert. Medienwirksam übergab Smith & Wesson das erste Exemplar des neuen .357 Magnum-Revolvers an den damaligen FBI-Chef John Edgar Hoover. Die Waffe mit der Seriennummer 2 erhielt Phil Sharpe. Smith & Wesson aber hatte die Nachfrage nach dem neuen leistungsstarken Revolver völlig unterschätzt und sich nur auf die Fertigung geringer Stückzahlen eingerichtet. Die Firma baute die Waffe nur auf Kundenwunsch und lieferte sie mit Zertifikat an den Käufer. Da der .357er keine eigene Modellnummer besaß, war in diesem Zertifikat neben der Seriennummer noch die Registriernummer angegeben, was diesen frühen Modellen unter Sammlern die Bezeichnung »Registered Magnum« eintrug. Die Registriernummer findet sich auch auf der Waffe hinter der vorangestellten Bezeichnung »Reg«. Der Revolver wurde genau nach Kundenwünschen gefertigt und der Kunde konnte zwischen verschiedenen Visierungen, Griffvariationen und Lauflängen von 3½ bis 8¾ Zoll wählen. S&W schoss den Revolver zudem mit der vom Kunden vorgegebenen Munition auf die gewünschte Entfernung ein. Die Ma-

Das Smith &Wesson-Modell 19 »Combat Magnum« fiel deutlich leichter als die bisherigen .357er-Revolver aus.

S&W Modell 66, der »Combat Magnum« in der Edelstahlversion.

S&W Modell »Ladysmith«, das Modell für Frauen

Das S&W Modell 686 zählt zu den beliebtesten Sportrevolvern im Kaliber .357 Magnum.

ximaldistanz betrug stolze 200 m! Bis 1938 waren bereits 5500 Exemplare verkauft, worauf Smith & Wesson keine Zertifikate mehr ausstellte, da zu aufwändig. 1941 kam dann mit dem Kriegseintritt der USA das vorläufige Aus für den .357 Magnum, da sich S&W anderen Aufgaben zuwenden musste. 1948 ging es aber wieder los und 1957 erhielt der .357 Magnum endlich eine Modellbezeichnung: Als Modell 27 (Mod. 27) wurde er bis 1996 ununterbrochen gebaut. Heute findet er sich im Rahmen der »Classic-Line« unter dieser Bezeichnung wieder im Programm.

Die Polizeidienststellen waren von Qualität und Leistung des Revolvers begeistert, weniger aber vom Preis. Der als individuelles Luxusmodell gefertigte Mod. 27 war für Behörden viel zu teuer. Einige Dienststellen, allen voran die *Texas Highway Patrol*, fragten bei Smith & Wesson nach einer preisgünstigerer Version des .357 Magnum an. 1954 kam die Firma diesem Wunsch nach und brachte eine kostengünstigere Ausführung mit matter Oberfläche und den ausschließlichen Lauflängen 4 und 6 Zoll heraus. Das Behördenmodell hieß zunächst ».357 Highway Patrolman« und erhielt 1957 die Modellbezeichnung M 28.

Erfolge feierte der Smith & Wesson .357 Magnum aber nicht nur als Dienstrevolver, sondern vielmehr als Scheibenwaffe. Die Sportschützen waren von der Präzision des S&W sehr angetan und schätzten die Möglichkeit,

Smith & Wesson richtete den beliebten M 60 »Chiefs Special«, den es vormals nur in .38 Special gab, auch für die .357 Magnum ein.

Die Trommel des kleinen Revolvers nimmt fünf der starken .357er- Patronen auf.

Ein Modell 686 aus dem S&W Performance Center.

Der S&W 686 plus punktet mit einer 7-Schuss-Trommel.

Das S&W Modell 386 mit Scandium-Rahmen und Titan-Trommel stellt das Fliegengewicht unter den .357ern dar.

Ein S&W Modell 640 mit Werksgravur.

S&W Modell »Military & Police« mit verdecktem Hammer.

S&W Modell 640 aus dem Custom Shop.

Ein »Snubnose« mit extrem kurzem Lauf. Viel bleibt von der Energie der .357 Magnum nicht mehr übrig.

auch die rückstoßschwache .38 Special ohne Einschränkungen aus der Waffe verschießen zu können. Ein Vorteil, der bis heute für die Beliebtheit der .357 Magnum bei Sportschützen sorgt.

Wer mag, kann es mit der .357 Magnum richtig krachen lassen und wenn es auf maximale Ringzahlen oder geringe Munitionskosten ankommt, einfach auf die zahmere .38 Special umsteigen.

Colt zieht nach

Der Erfolg der Patrone .357 Magnum und des dazugehörigen S&W-Revolvers blieb auch der Konkurrenz nicht verborgen: 1953 brachte Colt seinen ersten modernen *Double-Action*-Revolver (also mit Spannabzug) in diesem Kaliber heraus. Ein heute relativ selten zu findendes Modell namens »Colt .357 Magnum«, das bis 1961 gebaut wurde. Es gab Ausführungen mit 4 und 6 Zoll Lauflänge und neben der brünierten Version auch Waffen mit hochglänzendem Nickelfinish. Insgesamt entstanden etwa 15.000 Exemplare; heute gesuchte Sammlerstücke.

Bereits ein Jahr später brachte die Firma 1954 mit dem Colt »Trooper« ihr zweites Modell im Kaliber .357 Magnum heraus. Der »Trooper« erfreute sich rasch großer Beliebtheit; Colt baute ihn bis 1969 in Lauflängen von 4 bis 8 Zoll. Der ursprüngliche »Trooper« baute als schwerere Ausführung des »Officers Model Match« auf Colts Medium-Rahmen auf. Es gab ihn in .22 lfB und .38 Special. Der neue »Trooper« im Kaliber .357 Magnum mit im Rahmen montiertem Schagbolzen und verstärktem Rahmen war für Polizeibeamte und als Konkurrenzmodell zum Smith & Wesson-Modell 28 gedacht. Auch er erschien aus Kostengründen mit mattem Finish.

Der Colt »Lawman« bildete eine Version des »Trooper« zum verdeckten Tragen z. B. für Beamte in Zivil. Er bekam ein festes Visier und einen schweren Lauf von 2 oder 4 Zoll Länge. Die ersten Waffen erhielten schmale Service-Griffe, die späteren größeren Target-Griffe waren jedoch beliebter. Die vernickelten Ausführungen lieferte Colt mit Pachmayr »Signature«-Gummigriffen einschließlich Colt-Medaillon. Frühe Versionen des »Lawman« mit 2-Zoll-Lauf zeigten eine freiliegende Auswerferstange, das Auswerfer-Stangengehäuse kam später hinzu. Den »Lawman« baute Colt von 1969 bis 1983.

»Trooper« und »Lawman« erfuhren im Lauf der Jahre zahlreiche Verbesserungen, aber auch Veränderungen zur Senkung der Fertigungskosten. Die 1969 herausgebrachte MK-III-Serie erhielt einen neuen J-Rahmen und ein so genanntes »*Transfer Bar*-System«, das dafür sorgte, dass sich nur bei durchgezogenem Abzug ein Schuss lösen konnte. Der MK III stellte einen fast völlig neuen Revolver dar; die meisten Bauteile ließen sich nicht mit älteren Modellen tauschen.

Die Mark-V-Serie brachte die nächste große Änderung. Sie beruhte auf einem neuen, etwas kleineren V-Rahmen, der dem K-Rahmen von Smith & Wesson ähnelt. Beim Schloss gab es aber keine großen Unterschiede zu den MK-III-Modellen und viele Teile blieben identisch. Im Schlosswerk verwendete S&W jetzt aber viele Gussteile. Der Hammerweg wurde verkürzt und der Abzug verbessert. Diese Änderungen machten die MK-V-Abzüge weicher, während die verkürzte Auslösezeit die Präzision erhöhte. Zu den äußeren Modifikationen zählte ein kompakter Griffrahmen mit abgerundetem Griff. Zur MK-V-Reihe gehörten die Modelle »Official Police«, »Lawman« und »Trooper«. Andere Änderungen zielten darauf ab, die Fertigung zu vereinfachen und die Herstellungskosten zu senken.

Für die Jagd gab es vom »Trooper« eine Colt »Whitetail« genannte Version mit 8-Zoll-Lauf und montiertem 2-fachem Zielfernrohr. Colt lieferte das Set wahlweise in mattem oder poliertem Stainlessfinish in einem Aluminiumkoffer. Insgesamt entstanden davon weniger als 500 Stück.

Der Colt »Lawman« war eine Version des »Trooper« zum verdeckten Tragen. Hier die frühe Version mit freiliegender Ausstoßerstange.

In etwas größerer Stückzahl baute Colt das Modell »Border Patrol .357 Magnum«. Der ursprüngliche Colt »Border Patrol« stellte eine leicht modifizierte Ausführung des Colt »Official Police« dar, die 1952 exklusiv für die *US Border Patrol* (Grenzschutz) hergestellt wurde.

Die zweite Version in .357 Magnum war einfach der Colt »Trooper Mark III« mit der Laufbeschriftung »Border Patrol« und einer weniger stark polierten Oberfläche.

Im Unterschied zum ursprünglichen »Border Patrol« wurde dieses Modell sowohl an die *US Border Patrol* als auch auf dem Zivilmarkt verkauft; erhältlich mit 4-Zoll-Lauf und in .357 Magnum. Gebaut wurden 5356 Stück in brünierter Ausführung und 1152 in hellem Nickelfinish. Die von der *US Border Patrol* (USBP) beschafften Waffen tragen USBP-Markierungen und Ausgabennummern auf der rechten Seite des Rahmens über dem Abzug. Colt fertigte den »Border Patrol« von 1970 bis 1975. Auch die Klassiker »Single Action Army« (SAA) und »Frontier« bot Colt in .357 Magnum an.

Der größte Wurf bei den .357-Magnum-Revolvern gelang Colt aber schon 1955 mit dem Modell »Python«, das Sportschützen begeistert aufnahmen. Das bis zur Laufmündung reichende Auswerferstangen-Gehäuse und die ventilierte Laufschiene sorgten für eine angenehme Kopflastigkeit, die dem Hochschlag der starken Patrone entgegenwirkte. Zudem war die Waffe mit ihrem Hochglanzfinish »Royal Blue«, das Colt beim »Python« erstmals verwandte, ein Augenschmaus. Hinzu kam ein exzellenter Schlossgang. Colt baute die Waffe zunächst als 6-Zöller, dann mit Lauflängen von 2, 2½, 4 und 5 Zoll sowie als Jagdausführung mit 8-Zoll-Lauf. Später gab es den »Python« auch mit hochglänzendem Nickelfinish. 1981 bot Colt kurzzeitig einen 8-Zoll-»Python« mit

Colt richtete auch seine klassischen Single-Action-Revolver »Single Action Army« und »Frontier« für die .357 Magnum ein.

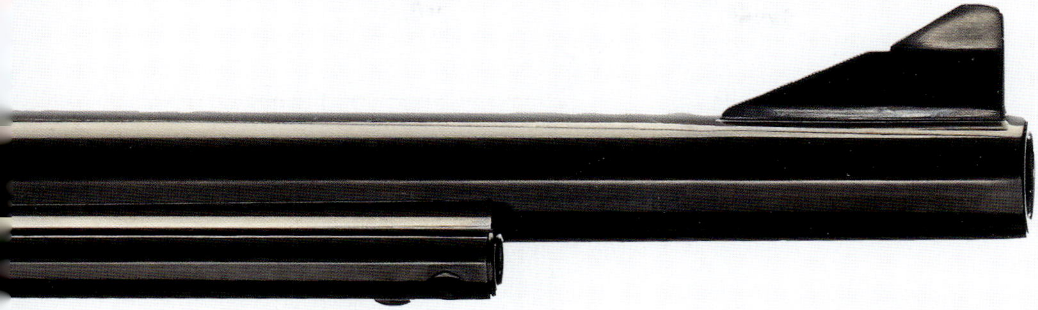

Heiße Ladungen mit leichten Geschossen führen zur »Magnumrille«, einer Ausbrennung der oberen Rahmenbrücke direkt vor dem Lauf.

1955 kam der Colt »Python« auf den Markt – der große Wurf von Colt.

2-fachem Leupold-Zielfernrohr als Jagdversion an; 1983 einen 8-Zöller mit Zieloptik als Spezialmodell für das Silhouettenschießen.
Der »Python« wurde mit hohem Aufwand unter großem Anteil an Handarbeit gefertigt und erwarb sich rasch einen hervorragenden Ruf. Das änderte sich leider Anfang der 1970er-Jahre, als Colt zunehmend auf maschinelle Massenproduktion umstieg und der Anteil an Handarbeit immer mehr abnahm. Baute Colt in den ersten 25 Jahren vom »Python« etwa 100.000 Exemplare, so wiederholte die Firma diesen Ausstoß in den 1970er-Jahren in lediglich fünf Jahren. Der gute Ruf des »Python« litt unter dieser Rosskur gewaltig. Heute werden für Exemplare mit Baujahr vor 1970 sehr hohe Preise bezahlt, für spätere »Python« dagegen deutlich weniger.
Schon im Geburtsjahr des »Python« – 1955 – schlug Smith & Wesson aber zurück und brachte mit dem Modell 19 »Combat Magnum« den zweiten Revolver in .357 Magnum heraus, zumal es durch bessere Stähle mittlerweile möglich war, einen wesentlich leichteren Revolver für die starke .357 Magnum zu bauen. Der »Combat Magnum« baut auf einem verstärkten K-Rahmen des S&W Modell 10 auf. Mit dem »Combat Magnum« verbindet sich im Übrigen ein weiterer großer Name der US-Waffengeschichte: William Henry »Bill«

Ausführung des »Colt Python« aus Edelstahl mit Griffschalen von Nill.

Jordan (1911–1997). Jordan machte als Marineinfanterist den 2. Weltkrieg und den Koreakrieg mit und diente danach 30 Jahre lang bei der *United States Border Patrol*. Ruhm erlangte er als Kunstschütze und Meister des schnellen präzisen Revolverschießens. Sein Buch *No second place winner* (Es gibt keine zweiten Sieger) gilt heute noch als Standardwerk, wenn es um den einsatzmäßigen Umgang mit Revolvern geht. 1954 befragte der damalige S&W-Präsident Carl Hellstrom anlässlich der *National Match*-Meisterschaften in Camp Perry Bill Jordan nach seinen Vorstellungen über einen idealen Polizeirevolver. Bill Jordan musste nicht lang überlegen und empfahl eine Waffe im Kaliber .357 Magnum mit deutlich kleinerem Rahmen als der bisherige N-Rahmen des Modells 28, schwerem Lauf, verstellbarer Visierung und großen Target-Griffschalen. Bereits am 15. November 1955 präsentierte S&W das erste Modell 19 »Combat Magnum«, das Bill Jordan in zahlreichen Fernsehauftritten als »Antwort auf den Traum eines jeden Polizeibeamten« pries. Diese Werbung gab dem neuen Revolver mit Lauflängen von 2,5, 3; 4; 5 und 6 Zoll einen kräftigen Schub und sorgte bei Smith & Wesson für steigende Verkaufszahlen. Das Modell 19 mauserte sich rasch zum Bestseller bei den US-Polizeidienstwaffen der damaligen Zeit. Das blieb es auch ziemlich lange. Erst Mitte der 1980er-Jahre zeichnete sich das Ende der Dienstrevolver ab, zumal mehr und mehr moderne Selbstladepistolen mit hoher Magazinkapazität das Marktgeschehen bestimmten. Selbst in Deutschland diente der »Combat Magnum« als Behördenwaffe. Die GSG 9 setzte nach der erfolgreichen Erstürmung der entführten Lufthansa-Maschine »Landshut« im Oktober 1977 in Mogadischu auf die rasante und leistungsfähige .357 Magnum (die der 9 mm Para voraus war) und beschaffte den S&W-Revolver für bestimmte Einsatzszenarien. Andere Spezialeinheiten folgten. Bis zur Produktionseinstellung Ende

der 1990er-Jahre modifizierte S&W seinen M19 immer wieder. Oft zur Senkung der Fertigungskosten und daher leider nicht immer zum Besseren.
1959 brachte Smith & Wesson das Modell 19-1 heraus, bei dem die Ejektorstange von Rechts- auf Linksgewinde wechselte. Beim Nachfolgemodell 19-2 wurde ab 1961 der Trommelstopp geringfügig modifiziert. Mit Einführung des Modells 19-4 im Jahr 1977 kam ein kleiner Gasdichtungsring auf der Stirnseite der Trommel um die Bohrung der Ausstoßerstange. 1982 gab S&W die zusätzliche Verstiftung des Laufes in der Rahmenbrücke auf. Auffälligstes Merkmal am Modell 19-5 war aber der Verzicht auf Versenkung der Patronenränder in der Trommel – ein Ausstattungsmerkmal, dem viele Schützen nachtrauerten. Beim Modell 19-6 änderte S&W 1988 lediglich die Schraube zur Fixierung des Trommelkrans. Wesentlich mehr Änderungen finden sich beim Modell 19-7, das 1994 erschien. Visier und Ausstoßer wurden geändert und die Waffe erhielt Gummigriffschalen von Uncle Mike. 1995 wurde der bis dahin verwendete, eckige »Square-Butt«-Griffrahmen modellübergreifend zu Gunsten des runden »Round-Butt«-Griffstücks aufgegeben. Um 1997 führte S&W das MIM-Verfahren (*Metal Injection Molding*) ein, das aus Metallpulver gebackene Bauteile verwendet, die kaum noch der Nachbearbeitung bedürfen. Das Modell 19 erhielt solche Teile für Abzug und Trommelschieber. 1998 kam beim Modell 19-8 auch der Hammer in MIM-Bauart hinzu. 1999 endete schließlich die Fertigung des Modells 19. Das baugleiche Modell 66 »Combat Magnum« aus rostfreiem Edelstahl, das 1970 auf den Markt kam, ist aber immer noch im Programm.
Alles in allem gilt das Modell 19 als führiger und präziser Revolver für die Patrone .357 Magnum, aber nicht unbedingt für den Dauergebrauch mit »heißen« Ladungen geeignet. Den leichten Rahmen ständig mit schnellen 125-grs-Mantelgeschossen zu traktieren, ist keine gute Idee und kann zu Rissen führen. Langsame, schwere Bleigeschosse eignen sich für den Dauergebrauch deutlich besser.
Auch heute noch stellt die .357 Magnum das Kaliber für die meisten Revolver von Smith & Wesson dar. Aktuell (2025) hat der große US-Hersteller 48 Modelle und Ausführungen im Programm. Das Angebot erstreckt sich aber hauptsächlich auf Sportwaffen oder handliche, kleine Verteidigungsrevolver. Als Behördenwaffe hat der Revolver weitgehend ausgedient. Im Rahmen der »Classic«-Serie bietet S&W aber noch etliche bekannte Dienstrevolver im alten Stil an. Bei den Sportwaffen stellt das Modell 686 mit Abstand den beliebtesten Scheibenrevolver. Die 6-Zoll-Ausführung findet sich in den Händen vieler Sportschützen. Dieses Modell ist bekannt für seine hohe Präzision und einen erstklassigen Abzug. Schon »Out of the Box« ein toller Scheibenrevolver, dessen Schloss sich überdies sehr gut tunen lässt. Dafür gibt es auch in Deutschland zahlreiche gute Büchsenmacher. Beim *Smith & Wesson Club-30 Germany* besteht sogar die Möglichkeit, sich einen S&W-Revolver ganz nach eigenen Wünschen bauen zu lassen. Bei einem Lehrgang der Firma Smith & Wesson im Jahr 1992 entstand die Idee, einen Club von qualifizierten Büchsenmachern zu gründen. 1993 wurde der *Smith & Wesson-Club 30 Germany* ins deutsche Vereinsregister eingetragen. Die Zielsetzung war, nur Mitglieder aufzunehmen, die sich besonders im Bereich Kurzwaffen qualifizierten und sich darüber hinaus verpflichten, an jährlichen Fortbildungsmaßnahmen teilzunehmen. Die Mitglieder

dieser Gemeinschaft – hochmotivierte und besonders qualifizierte Büchsenmacher – verfolgen seit der Gründung gemeinsam das Ziel, neue oder bewährte Innovationen in den Waffenbau und das Tuning einfließen zu lassen.
Auch die Firma Smith & Wesson unterhält mit dem *Performance Center* eine Tuning-Schmiede, die jedes Jahr zahlreiche Sondermodelle hervorbringt, vor allem im Bereich der Jagdrevolver und der Selbstverteidigungswaffen.
Kurzläufige .357er-Revolver zum verdeckten Tragen bilden die zweite Säule im S&W-Revolverangebot. Die leistungsstarke Patrone ist auch heute noch sehr beliebt und viele zivile Waffenträger geben der hohen Stoppwirkung einer .357 Magnum-Revolverpatrone gegenüber der höheren Magazinkapazität einer 9-mm-Pistole den Vorzug. Hier bietet S&W eine große Auswahl. Sie reicht von ultraleichten Modellen mit Scandium-Rahmen und Titantrommel über echte Taschenwaffen mit verdecktem Hammer zum Führen ohne Holster bis zu Modellen mit in den Griffschalen integrierten Laser-Zielhilfen. (Laser-Zieleinrichtungen sind in Deutschland für Zivilpersonen nicht erlaubt). Mit dem Modell »Ladysmith« bietet S&W sogar einen .357er speziell für Frauenhände mit kleinem Griff an. Die meisten modernen Revolver erscheinen in der pflegeleichten Stainless-Steel-Ausführung. Nur unter den Klassik-Modellen gibt es noch einige Revolver mit traditionell brünierter Oberfläche.
Bei Colt ist es dagegen sehr ruhig um die .357-Magnum-Revolver geworden. Aktuell (2025) ist nur noch der Colt »King Cobra« im Programm. Ein Modell, das ein stetes Auf und Ab hinter sich hat und nie zum großen Verkaufsschlager wurde. Colt stellte den auf dem mittelgroßen V-Rahmen aufbauenden »King Cobra« 1986 vor. Er kam mit verstellbarer Visierung und zunächst großen Target-Griffschalen aus Walnussholz, später auch aus Neopren. Neben der brünierten Kohlenstoffstahl-Ausführung gab es von 1987 bis 1992 und von 1994 bis 1998 auch »King Cobras« aus mattem Edelstahl, von 1988 bis 1992 auch wahlweise in poliertem Edelstahl. Bei den Lauflängen dominierten die Modelle mit 4-und 6-Zoll-Läufen, die Colt von 1986 bis 1992 anbot. 2½-Zöller gab es von 1990 bis 1992 in brünierter Ausführung und von 1987 bis 1992 in mattiertem Edelstahl. 1992 stellte Colt die Produktion des »King Cobra« ein. Bereits 1994 kehrte das Modell aber zurück, um bis 1998 gebaut zu werden. Neben den 4- und 6-Zöllern gab es in dieser Produktionsserie auch 2-Zoll-Ausführungen und eine 8-Zoll-Jagdversion mit Bohrungen auf der Rahmenbrücke für eine Zielfernrohrmontage.
Des Weiteren fertigte Colt insgesamt sechs »King Cobra«-Revolver mit 3-Zoll-Läufen und festem Visier. Diese Prototypen wurden für die Polizei von Montreal/Kanada angefertigt, die Interesse an einem handlichen .357-Magnum-Revolver für Zivilbeamte angemeldet hatte. Die Kanadier führten den Revolver aber nie ein und gaben die sechs Versuchsmodelle zurück. Eines tauchte 2006 in North Carolina wieder auf und befindet sich nun in Händen eines Privatsammlers. Das Schicksal der anderen fünf ist unbekannt.
Auf der *Shot Show 2019* präsentierte Colt den »King Cobra« erneut als 3-Zoll-Version aus Edelstahl mit Neoprengriffschalen. Heute umfasst das »Königskobra«- Programm auch einen 6-Zoll-Scheibenrevolver mit großen Walnuss-Targetgriffen und ein reines Spannabzugsmodell (*Double Action Only*, DAO) mit 2-Zoll-Lauf und Neoprengriff. Gegenüber Smith&Wesson ein eher klägliches Angebot an .357-Magnum-Revolvern.

Ruger mischt mit

Zeitgleich mit dem Colt »Python« brachte der dritte große US-Handwaffenhersteller, die Firma Sturm, Ruger & Company in Southport/Connecticut, 1955 einen .357-Magnum- Revolver heraus. Der Ruger »Blackhawk« stellte aber kein modernes *Double Action*-, sondern ein klassisches *Single Action*-Modell im Stil des Colt »Single Action Army« (SAA) dar. Zwei Jahre zuvor war Ruger mit den »Single Six«-Modellen im .22er-Kaliber in den Revolvermarkt eingestiegen. Die neue Patrone .357 Magnum bot sich an, um nun auch Zentralfeuerpatronen-Revolver zu bauen. Der »Blackhawk« entpuppte sich als großer Erfolg, denn neben seinem besonders in den USA beliebten klassischem Aussehen war er bedeutend günstiger als ein Colt »Python« oder Smith & Wesson Modell 28. Zudem stellte der »Blackhawk« den moderneren *Single Action*-Typ dar. Im Unterschied zum Colt SAA punktete der »Blackhawk« mit einem verstellbaren Visier, was besonders bei Scheibenschützen gut ankam, und moderner Schrauben- statt Blattfeder wie beim Colt SAA. Den handlichen Sechsschüsser führt Ruger bis heute im Programm und konnte insgesamt über 2 Millionen Stück davon verkaufen. Im Laufe der Jahre kam es natürlich zu einem Wust an Änderungen. 1973 konzipierte Ruger den Schlossmechanismus neu, was den »Blackhawk« bedeutend sicherer machte. Bei den neuen »Blackhawks« musste der Hahn zum Laden der Trommelkammern nicht mehr halb gespannt werden: beim Aufklappen der Ladeklappe wird die Trommelsperre automatisch nach unten gedrückt, so dass sich die Trommel zum Laden der Kammern drehen lässt. Außerdem verhinderte ein Übertra-

Ruger stieg mit dem »Blackhawk« in den .357 Magnum-Markt ein, einem modernem Single-Action-Revolver.

Ab 1973 bekam der »Blackhawk« ein Übertragungsstück (transfer bar) und wurde dadurch bedeutend sicherer. Es war jetzt nicht mehr nötig, die Kammer unter dem Hahn frei zu lassen.

gungshebel (*transfer bar*) im Rahmen, dass sich durch Auslösen des Hammers bei Schlag oder Fall ein Schuss lösen konnte. Nur wenn auch der Abzug durchgezogen wurde, konnte sich ein Schuss lösen. Der Hahn selbst kam nicht mehr mit dem Zündhütchen der Patrone in Berührung. Dadurch ließ sich der »Blackhawk« mit allen sechs Kammern geladen gefahrlos führen. Beim Colt »Single Action Army« blieb es dagegen ratsam, die Trommelkammer unter dem Hahn leer zu lassen. Die von 1955 bis 1962 gefertigten »Blackhawks« sind heute unter Sammlern als »Flattop«-Modelle bekannt, da ihre verstellbaren Visiere frei auf dem flachen Rahmen lagern und keine seitlichen Schutzwangen aufweisen. Die Ausführungen von 1962 bis 1972 sind wegen den drei seitlich sichtbaren Schraubenköpfen

Der Ruger »Vaquero« erschien 1993 und war ein »Blackhawk« ohne verstellbare Visierung für Anhänger des Westernschießens.

Die Ausführung »Bisley« des »Vaquero« bekam einen steilen Griff, wie ihn Colt für die Scheibenmodelle entwickelt hatte.

als »Drei-Schrauben-Modelle« bekannt. 1973 erschien der »New Blackhawk« mit neuem Sicherheitsschloss. Ruger bot sogar ein kostenloses Nachrüstprogramm an, das den Umbau auf Übertragungsstücke für frühere Varianten des »Blackhawk« ermöglichte. Des Weiteren wurde der »Blackhawk« auch aus rostfreiem Edelstahl gefertigt und für weitere Kaliber wie .30 Carbine, .44 Special, .45 Long Colt und .41 Magnum eingerichtet. Für die Patrone .327 Federal Magnum gab es sogar einen Edelstahl-»Blackhawk« mit 8-Schuss-Trommel. Das Modell »New Blackhawk Convertible« richtete Ruger für Wechseltrommeln ein. Die Trommel ließ sich leicht entfernen und durch eine Trommel für eine andere Patrone mit demselben Geschossdurchmesser ersetzen. So gab es für die .45er-Colt-Modelle etwa Wechseltrommeln für .45 Auto, oder für den .357er Trommeln für 9 mm Luger oder .38/40.

Als das Westernschießen in Mode kam, führte der »Blackhawk« wegen seiner modernen Aufmachung mit Mikrometervisier eher ein Schattendasein. Ruger legte daher 1993 das Modell »Vaquero« nach. Technisch entsprach

Auch den ursprünglichen »Blackhawk« mit verstellbarer Visierung bot Ruger mit dem steilen Bisley-Griff an.

es dem »Blackhawk«, erhielt jedoch ein festes Visier. Den ursprünglichen »Vaquero« bot die Firma in .357 Magnum, .44 Magnum und .45 Colt an. Die starke Patrone .44 Magnum verlangte aber einen großen, starken Rahmen, weshalb der Revolver ziemlich wuchtig ausfiel, was bei Westernschützen wiederum nicht so gut ankam. Um sich der Größe des Colt SAA anzunähern, verkleinerte Ruger den Rahmen, strich die .44 Magnum aus der Kaliberpalette und brachte den neuen Revolver als »New Vaquero« auf den Markt. Die »Bisley«-Ausführung des »Vaquero« erschien mit steilem Griff, wie ihn Colt für die Scheibenmodelle entwickelt hatte. Der übliche SAA-Griff eignete sich sehr gut für den schnellen Deutschuss, der »Bisley«-Griff hingegen viel besser fürs Präzisionsschießen.

Ruger stellt die *Single Action*-Modelle »Blackhawk« und »Vaquero« heute noch her; Büchsenmacher nehmen die stabilen Revolver auch sehr gern für so genannte *Custom*-Umbauten. Wir werden die Ruger *Single Action*-Revolver bei den *Custom-Guns* wieder treffen.

.357er von Ruger mit Spannabzug

Auch wenn sich die *Single Action*-Modelle kommerziell als große Erfolge erwiesen, kam Ruger nicht um einen modernen *Double Action*-Revolver für die Patrone .357 Magnum herum, nicht zuletzt mit Blick auf den Behördenmarkt. Der Ruger »Security Six« und seine Varianten »Service Six« und »Speed Six« wurden 1972 eingeführt und bis 1988 gebaut. Bereits 1975 erschienen Edelstahl-Ausführungen aller Modelle. Die Ruger-Entwickler Harry Sefried und Henry Into begannen bereits 1966 mit der Entwicklung der Spannabzugs-Revolver. Sefried hatte zuvor für die High Standard Manufacturing Company gearbeitet und dort den Revolver High Standard »Sentinel« entworfen. Die Ähnlichkeit des Griffprofils bei »Sentinel« und den entsprechenden Ruger-Modellen kommt also nicht von ungefähr. Die neuen Spannabzugs-Revolver von Ruger erwiesen sich aufgrund des einteiligen Rahmens ohne abnehmbare Seitenplatte als sehr stabil.

Die Holzgriffschalen stammten sämtlich von der Firma WF Lett Manufacturing in New Hampshire, einem inzwischen nicht mehr existierenden Bauunternehmen. In den 1980er-Jahren lieferte Ruger einige der »Speed Six« und »Service Six«-Modelle auch mit Pachmayr-Gummigriffen einschließlich silbernem Ruger-Emblem.

Der 1972 eingeführte »Security Six« bildete sozusagen das Urmodell der neuen Serie. Die meisten Waffen erhielten verstellbare Visiere, nur einige frühe Modelle feste Visierungen. Die US-Polizeidienststellen, die sich für die neuen Ruger-Revolver interessierten, waren aber gerade an Ausführungen mit fester Visierung interessiert. Ruger kam dem nach und brachte ein eigenes Modell mit fester Visierung unter der Bezeichnung »Service Six« oder »Police Service Six« heraus. Außer in .357 Magnum gab es auch Versionen in .38 Special und 9 mm Luger. Der .38 Special ging aus einem Auftrag des US-Militärs zum Ersatz des alten Smith & Wesson Modell 10 hervor und wurde als M108 eingeführt. Die 9-mm-Luger-Variante ging an US-Luftwaffe und Militärpolizei, die sie als M109 bezeichnete. Den »Service Six« baute Ruger in Lauflängen von 2¾ und 4 Zoll.

Der »Speed Six« erschien ebenfalls mit fester Visierung, aber mit abgerundetem kleineren Griffstück, was das verdeckte Tragen vereinfachen sollte. Außer in .357 Magnum baute ihn Ruger in .38 Special, .38 S&W (.38-200) und 9 mm Luger. Der »Speed Six« erfreute sich bei Zivilbeamten und allgemein Personen, die verdeckt Waffen trugen, schnell wachsender Beliebtheit. Eingeführt wurde er zum Beispiel beim US-Postdienst (Modell GS33-PS), für Spezialagenten der ehemaligen US-Einwanderungsbehörde und für Zivilbeamte des US-Grenzschutzes. Die .357-Magnum-Ausführung beschaffte sich etwa die *Royal Ulster Constabulary* (RUC, britische Polizei in Nordirland) als Dienstwaffe, zumal die RUC im Gegensatz zu den meisten anderen britischen Polizeien standardmäßig Schusswaffen trug. In seiner Produktionszeit bis 1988 baute Ruger über 1,5 Millionen Revolver der »Six«-Baureihe. Erst der Ruger GP 100 löste die »Six«-Serie ab.

Beim GP 100 finden sich sowohl technische Merkmale der alten »Six«-Modelle als auch des 1979 vorgestellten großrahmigen »Redhawk«-Revolvers. Auch der GP 100 verzichtete auf die Seitenplatte; der Schlossmechanismus sitzt auf dem nach unten ausbaubaren

Der Ruger »Security-Six« und seine Varianten »Service-Six« und »Speed-Six« wurden 1972 eingeführt und bis 1988 gebaut. Hier ein »Police Service Six«.

Edelstahlausführung des GP 100.

Der GP 100 löste die »Six«-Baureihe ab.

Abzugsbügel. Bruchsichere Schraubenfedern und das *Transfer bar*-System gehören zum Standard. Ganz neu aber war die Griffgestaltung: kein Griffrahmen mehr, sondern nur noch ein kurzer Stummel, auf den der Griff aufgeschoben wird, was jede Menge Gestaltungsmöglichkeiten des Revolvergriffes erlaubt. Das nach hinten abgeschrägte Ausstoßergehäuse reicht bis zur Laufmündung. Der GP 100 erwarb sich den Ruf eines extrem robusten Gebrauchsrevolvers, konnte aber als Sportwaffe nicht am Ruf des Smith & Wesson 686 kratzen. Ruger baute den GP 100 mit brünierter Oberfläche sowie als *Stainless-Steel*-Revolver mit Lauflängen von 3, 4, 5 und 6 Zoll. Von 1987 bis 2003 gab es auch eine Variante mit halblangem Ausstoßergehäuse. Der bis heute gefertigte GP 100 stellt so etwas wie der »Brot- und Butterrevolver« von Ruger dar. Sehr beliebt ist er als handlicher Gebrauchsrevolver bei Jägern für den Fangschuss oder als Verteidigungswaffe. Der Ruger Custom Shop bietet darüber hinaus mit dem Modell »Super GP 100 Competition« eine getunte Sportversion mit ventiliertem Laufmantel, Machtvisier und PVD-Beschichtung an.

1989 brachte Ruger mit dem SP 101 eine Version mit kleinerem Rahmen und fünfschüssiger Trommel heraus.

Ab 1989 bot Ruger mit dem SP 101 eine Edelstahl-Ausführung mit kleinerem Rahmen, fünfschüssiger Trommel, Lauflängen von 2¼, 3 und 4 Zoll sowie fester Visierung an. Technisch unterschied er sich nicht weiter vom GP 100 und blieb bis heute im Programm. Er ist zwar kleiner als der GP 100, wiegt aber immer noch 800 g.

2009 erregte Ruger mit dem Modell LCR Aufsehen, das als erster Revolver auf dem Welt-

Ruger »Redhawk« mit kurzem Lauf.

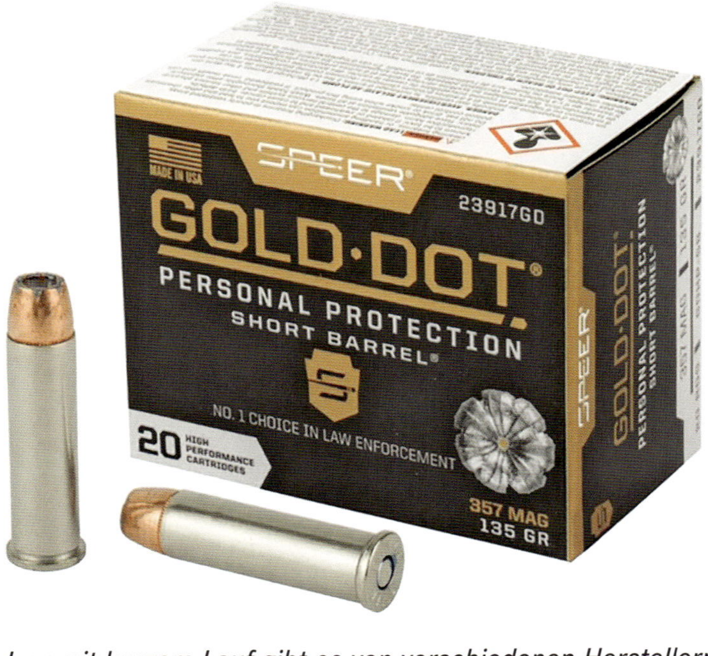

Für Magnumrevolver mit kurzem Lauf gibt es von verschiedenen Herstellern »Short Barrel«-Munition, die aus den kurzen Läufen einen geringeren Leistungsverlust zur Folge hat.

Der Ruger LCR erschien als erster Revolver auf dem Weltmarkt serienmäßig mit einem Griffstück aus Polymer.

markt ein Griffstück aus Polymer aufwies und nur 385 g wog. Lediglich das Kaliber .38 Special erschien den meisten Anwendern etwas zu schwach, um dem Leichtgewicht zu einem großen Erfolg als Fangschuss- und Verteidigungswaffe zu verhelfen. Kurze Zeit später legte Ruger nach und richtete den Polymer-Revolver auch für die .357 Magnum ein. Taschenrevolver, in den USA wegen der kurzen Läufe gern als »*Snubnoses*« (Stupsnasen) bezeichnet, stellen dort beliebte Waffen zum verdeckten Tragen dar. Mit dem Kaliber .357 Magnum ließ sich das bisher aber nicht so recht unter einen Hut bringen, vor allem bei sechsschüssiger Trommel, wie sie fast alle .357er aufweisen. Von der bestechenden Kompaktheit eines fünfschüssigen Zweizöllers, der sich einfach in die Jackentasche stecken lässt, sind solche Waffe meilenweit entfernt. Schnell ertönte daher von Jägern und anderen Waffenträgern der Ruf nach einem kompakten .357er Revolver mit schmaler 5-Schuss-Trommel.

Ruger kam diesem Wunsch mit dem GP 101 nach und Smith & Wesson richtete den beliebten M 60 »Chiefs Special«, den es bisher nur in .38 Special gab, auch für die .357 Magnum ein. Eine handliche Waffe, die aber als Ganzstahlkonstruktion immer noch stattliche 630 g wiegt. Die Abmessungen lassen sich kaum verringern, da die Trommellänge von der Patronenlänge bestimmt wird. Auch beim Griff gibt es kaum Schrumpfungsmöglichkeiten - eine gewisse Größe bleibt unabdingbar, um den Revolver beim Schuss beherrschen zu können. Bleibt zur Gewichtseinsparung nur noch die Verwendung leichterer Werkstoffe. Bei den Selbstladepistolen hatten sich Polymer-Griffstücke längst durchgesetzt. Die Ruger-Idee, leichte Kunststoff-Griffstücke auch im Revolverbau anzuwenden, lag daher auf der Hand. Der LCR *(Lightweigt Compact Revolver)* erhielt ein Glasfaser-verstärktes Polymer-Griffstück, in das der Leichtmetallrahmen mit integriertem Laufmantel eingeschraubt ist. Der kurze Griffstummel, an den der einteilige Gummigriff angeschraubt wird, sowie Abzugsbügel und die Abdeckungen von Schlosswerk und Abzugsmechanik bestehen aus Polymer. Die eigentliche Laufseele im Aluminium-Laufmantel besteht natürlich aus Stahl, ebenso die fünfschüssige Trommel. Der LCR funktioniert nur im *Double Action*-Modus, denn der Polymerrahmen verdeckt den Hammer komplett. Ein Spannen des Hammers von Hand ist nicht möglich. Ruger verfolgte damit konsequent den Weg der einfach zu bedienenden und störungssicheren Taschenwaffe. Die äußere Form des LCR ist abgerundet und kein überstehendes Teil kann beim Ziehen in der Kleidung hängen bleiben. Der Besitzer hat kaum eine Möglichkeit der mechanischen Fehlbedienung - außer den Abzug durchzuziehen, kann er quasi nichts tun. Aufgrund des abgedeckten Hammers ist die Schlossmechanik gut gegen kleine Fremdkörper geschützt, die zu ihrem Blockieren führen könnten. Bei Taschenwaffen ein nicht zu unterschätzender Vorteil. Die Trommel wirkt auf den ersten Blick ungewöhnlich, sie sieht fast aus, wie aus zwei Teilen zusammengesetzt. Der hintere Teil der Trommel ist zylindrisch gehalten, was notwendig ist, um die Arretierungsnuten für den Trommelstopp aufzunehmen. Das Vorderteil weist ausgeprägte Flutungen auf, die so weit gehen, dass sich die Patronenkammern nach außen halbrund abzeichnen. Die Wandstärken betragen hier nur noch 1,6 mm. Die Trommellänge beträgt 40 mm - gerade lang genug, um eine .357 Magnum aufzunehmen. Auch die Visierung gestaltete Ruger so, dass sie beim Ziehen nicht hängen bleiben kann. Sie besteht aus einer in die obere Rahmenbrücke eingefräste Rechteckkimme von 3,8 mm Breite und einem auf dem Laufmantel angebrachten 3,2 mm breiten Rampenkorn. Eine typische Visierung für Taschenrevolver, die auf kurze Distanz völlig ausreicht und schnell zu erfassen ist. Der einteilige Gummigriff mit Fingermulden stammt von Hogue und wird von unten angeschraubt. Der Lauf des LCR ist nur 47,5 mm lang, also nicht einmal ganze 2 Zoll. Mit modernen Laborierungen wie der Hornady XTP oder der Speer Gold Dot liefert das Stummelrohr aber immer noch über 500 Joule Mündungsenergie. Eine beachtliche Leistung, die natürlich mit beträchtlichen Nebenwirkungen erkauft wird. Der kompromisslos kompakte Ruger LCR im Kaliber .357 Magnum ist eben keine Waffe zum Übungsschießen und für längere Serien auf dem Stand. Dafür wiegt er nur 488 g und lässt sich ebenso angenehm wie unauffällig verdeckt tragen.

Das Ruger-Angebot an .357er-Revolvern umfasst heute (2025) die Modelle GP 100, GP 101 und LCR mit unterschiedlichen Lauflängen, Visierungen und Griffstücken.

Dan Wesson: Ein Revolver mit Wechselläufen

Die Firma Dan Wesson Firearms war ein amerikanischer Waffenhersteller aus Kansas City. Daniel B. Wesson II (1916–1978), ein Urenkel von Daniel Baird Wesson, einem der Gründer von Smith & Wesson, gründete 1968 die Firma Dan Wesson. Verantwortlich für die Entwicklung des Dan-Wesson-Revolvers war aber Karl R. Lewis, ein bekannter Waffenentwickler, der für Firmen wie Colt, Browning und High Standard gearbeitet hatte. Lewis konstruierte beispielsweise bei Colt den »Trooper« und den 40-mm-Anbau-Granatwerfer XM148. Während fast alle Revolver einen fest mit dem Rahmen verschraubten Lauf aufweisen (der von einem Büchsenmacher entfernt und installiert werden muss), bestand die Idee von Lewis darin, das Seelenrohr in einer getrennten, mit einer Mutter an der Mündung befestigten Ummantelung unterzubringen. Bei Lauf und Laufmantel handelt es sich also um separate Teile. Der Lauf wird in den Rahmen eingeschraubt, mit einer Lehre auf den richtigen Abstand zur Trommel eingestellt und danach mit einer Mutter an der Mündung mit dem Laufmantel gekontert. Dan-Wesson-Revolver mit nur einem Lauf sind eher eine Seltenheit, meist wurde die Waffe als »*Pistol Pack*« in einem Koffer verkauft, bestehend aus einem Rahmen und zwei bis fünf Läufen mit Laufmänteln verschiedener Länge. Die Möglichkeit, den Laufabstand von der Trommel exakt nach Lehre einzustellen, führte zu einer hohen Präzision der Waffen. Anstelle der Mutter an der Mündung ließ sich auch ein als Zubehör von Drittfirmen erhältlicher Mündungsfeuerdämpfer installieren, was die Waffe beliebt als Jagdrevolver machte. Der Griff wurde auf einen kurzen Stummel am Rahmen

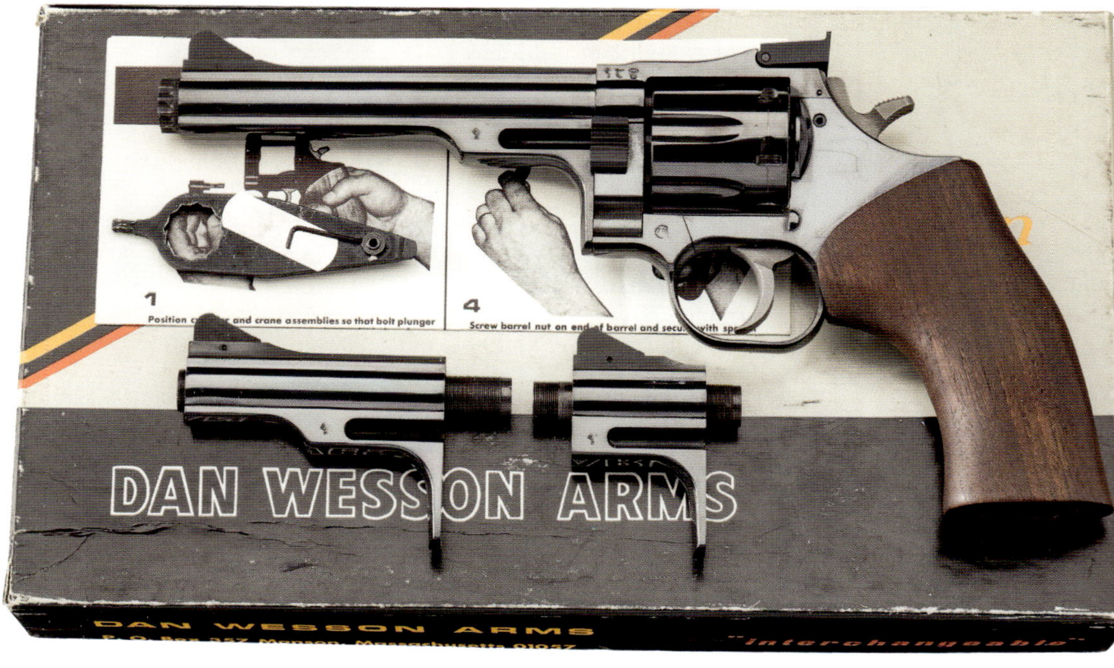

Beim Modell »Dan Wesson« kann der Besitzer selbst die Läufe wechseln.

»Dan Wesson« Modell 12.

aufgeschoben. Es standen mehrere Griffe zur Auswahl, so dass sich die Waffe als langläufiger Scheibenrevolver mit einem großen Targetgriff und als kurzläufige Verteidigungswaffe mit kompaktem Combat-Griff ausstatten ließ. Schlosstechnisch bewegte sich der Dan Wesson auf bewährten Bahnen. Auf den Hahn wirkte eine Schraubenfeder mit Federführungsstange und der Schlagbolzen lagerte im Rahmen. Ein Übertragungsstück, das sich nur bei durchgezogenem Abzug vor den Schlagbolzen schob und die Schlagenergie weiterleitete, sorgte für die nötige Sicherheit (wie sie von modernen Revolvern verlangt wird). Ein weiterer Unterschied bestand in der Platzierung der Klinke für die Trommelentriegelung. Während sich bei andere Revolver diese Verriegelung am Rahmen hinter dem Zylinder findet, sitzt sie bei Dan-Wesson-Revolvern am Zylinderkran. Dies sollte die Stabilität des Revolvers erhöhen, indem der Verriegelungsmechanismus an der Stelle platziert wurde, an der der Zylinderkran in den Rahmen greift.

Als erste .357-Magnum-Revolver baute Dan Wesson die Modelle W8, W9, W11 und W12 mit mittelgroßem Rahmen. W8 und W11 erhielten entweder ein Festvisier oder eine Visierung lediglich mit Seitenverstellung.W9 und W12 kamen indessen mit höhen- und seitenverstellbarer Visierung. Läufe und Abdeckungen dieser Modelle ließen sich austauschen und sicherten Lauf und Abdeckung mit einer großen Mutter am Mündungsende. Die Abdeckungen dieser frühen Modelle besaßen einen länglichen Flansch (bei Sammlern als »*Pork Chop*«-Abdeckung bekannt), der mit der Vorderseite des Revolverrahmens fluchtete. Die anfänglichen Lauf-/Manteloptionen waren 2½, 4, 6 und 8 Zoll. Ein spezieller Laufmutternschlüssel und eine Fühlerlehre gehörten zum Zubehör. Optisch wirkte der große Dan Wesson etwas kantig und wog, je nach Lauf, zwischen 960 und 1080 g.

Die Firma Dan Wesson bestand bis 2005, dann übernahm sie der tschechische Waffenhersteller Česká Zbrojovka (Uherský Brod) und führte sie als Teil der CZ (USA)-Unternehmensgruppe unter der Bezeichnung Wesson

Firearms weiter. Noch aber sind wir nicht soweit: Anfang der 1980er-Jahre folgte dann mit dem Modell 715 die zweite, überarbeitete Dan-Wesson-Generation, jetzt auch aus rostfreiem Edelstahl. Dieses Modell wirkte noch etwas massiver, denn das Ausstoßergehäuse zog sich vor bis zur Mündung und sorgte besonders bei den langen Läufen für reichlich Gewicht und Vorderlastigkeit. Mit 8-Zoll-Lauf bringt der Dan Wesson 1400 g auf die Waage.

Dan-Wesson-Revolver waren nicht nur interessante Konstruktionen, sondern erfreuten sich gerade in Ländern großer Beliebtheit, deren Gesetze den Waffenbesitz begrenzten. So etwa in Deutschland, wo Jäger lediglich zwei Kurzwaffen besitzen dürfen. Die Vorteile des Dan Wesson liegen auf der Hand: man hat mehrere Lauflängen zur Auswahl und kann auch schnell den Griff wechseln.

Wir werden auf den Dan Wesson weiter unten noch stoßen, denn neben den .357-Magnum-gab es auch Modelle mit größerem Rahmen für Patronen wie .44 Magnum, .414 Supermag oder .445 Supermag. Auch für die .357 Maximum richtete Dan Wesson seinen Revolver ein.

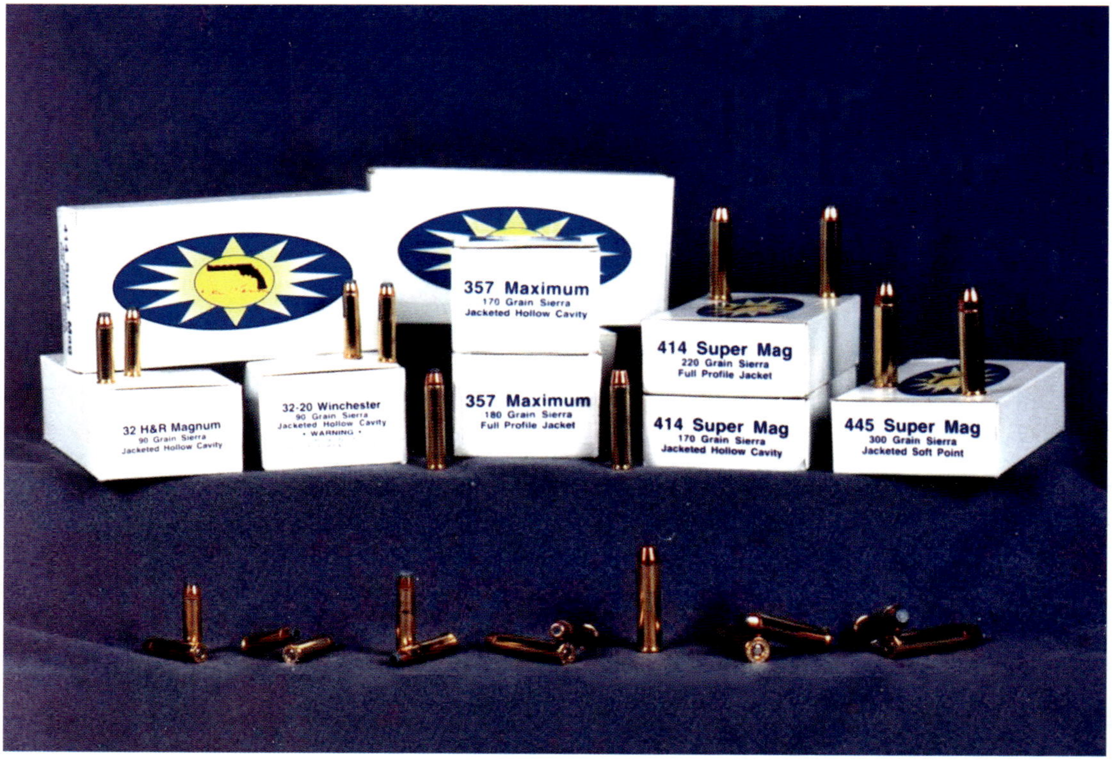

Für »Dan Wesson«-Revolver steht eine breite Kaliberpalette zur Verfügung.

Europäische .357-Magnum-Revolver – die Modelle von Manurhin

Auch wenn die USA als »Revolverland Nummer 1« den Markt bei den .357ern klar beherrschen, gibt es doch auch sehr interessante Revolver aus europäischer Fertigung. Besonders drei Hersteller machten sich für Revolver einen Namen, welche die US-amerikanischen Modelle qualitativ weit in den Schatten stellten: Korth und Janz in Deutschland und Manurhin in Frankreich.

Die 1919 in Mühlhausen im Elsaß gegründete Firma Manurhin begann ab 1947 mit der Lizenzproduktion der deutschen Pistolenmodelle Walther PP und PPK. Zwischen 1952 und 1986 stellte Manurhin ca. 1,2 Millionen Pistolen her. Der erste Revolver, der zugleich den hevorragenden Ruf von Manurhin als Revolverschmiede begründete, kam 1973 heraus. Manurhin entwickelte den MR 73 als Dienstwaffe für die französische Gendarmerie. Er gehörte u. a. zur Bewaffnung der Sonderverbände GIGN und RAID. Weshalb der Aufwand eines eigenen französischen Revolvers, wo doch an amerikanischen Modellen kein Mangel herrschte? Wie es heißt,

Manurhin »Special Police«.

Manurhin MR 88.

Französischer Manurhin MR 73.

waren die französischen Behörden etwa mit den S&W-Revolvern nicht ganz zufrieden, vor allem was deren Dauerhaftigkeit anging. Dies betraf weniger den üblichen Polizeiapparat als Spezialeinheiten vom Schlage der GIGN. Deren Angehörige verfeuerten täglich an die 150 Patronen aus ihren Dienstrevolvern, was die eingeführten M 19-Modelle von S&W auf Dauer nicht verkrafteten. Vermutlich von der GIGN erging der Anstoß zur Entwicklung des MR 73, der in Zusammenarbeit mit zahlreichen Fachleuten der Behörden entstand und harte Versuche überstehen musste. Beispielsweise wurden aus *einer* Waffe über 150.000 Schuss .357 Magnum abgegeben. Rahmen, Lauf und Trommel des MR 73 bestehen aus hochwertig legiertem Stahl; die Läufe sind überdies kalt gehämmert. Manurhin garantierte, dass die Trommel auch bei doppeltem CIP- Höchstgasdruck nicht platzt und ließ den Revolver ausdrücklich auch für die Patrone .357 Super Magnum zu. Die .357 Super Magnum entspricht im Wesentlichen der späteren .357 Remington Maximum, die Sturm, Ruger & Company sowie Remington zwischen 1982 und 1983 gemeinsam entwickelten. Vorgabe für den MR 73 war des Weiteren ein glatt laufendes Spannabzugsschloss mit gleich bleibendem Abzugswiderstand. Das Schloss mit Gleitstück und vier Laufrollen stellte eine echte Neuentwicklung dar. Die geschmiedete Blattfeder übt in Ruhestellung ihren Druck axial auf eine Rolle aus. Beim Durchziehen des Abzugs im *Double Action*-Modus bewegen sich Abzug und Gleitstück gleichzeitig nach hinten, womit sich der Abstützpunkt der Feder auf der Laufrolle nach oben verschiebt. Die Druckkraft wirkt damit nicht mehr direkt auf den Abzug. Dieses System garantiert, dass der Abzugswiderstand während des ganzen Weges konstant bleibt. Auch die Fallsicherung ist besonders: Im Ruhezustand blockiert eine mit dem Abzug verbundene Klinke den Hahn in seiner Vorwärtsbewegung. Erst beim Durchziehen des Abzugs löst sich die Sperre. Klar, dass die Fertigung des MR 73 einen wesentlich höheren Aufwand als bei US-Revolvern nach sich zog, was sich auch in einem um etwa 50 % höheren Preis niederschlug.

Als erstes MR-73-Modell erschien die Polizeiausführung mit fester Visierung und 3-Zoll-

Lauf. Danach folgten Ausführungen mit Lauflängen von 2¼, 2¾ , 4, 5¼, 6, 8 und 10 Zoll. Die Sportmodelle erhielten verstellbare Visierungen und einen von außen einstellbaren Abzug. Die 8- und 10-Zoll-Versionen wurden mit 2½-fachem Bushnell-Zielfernrohr »Phantom« etwa von französischen Spezialeinheiten für bestimmte taktische Zwecke eingesetzt.
Manurhin stattete die MR-73-Revolver mit Griffschalen aus Nussbaumholz aus. Der französische Büchsenmacher Trausch entwickelte für den MR 73 auch einen speziellen Gummigriff. Vom MR 73 baute Manurhin etwas mehr als 146.000 Stück.
1979 brachte Manurhin mit dem »Special Police« einen Dienstrevolver heraus, der mit dem MR 73 nur noch wenig gemeinsam hatte und als preisgünstige Alternative zum teuren MR 73 gedacht war. Der »Special Police« entstand als Gemeinschaftsprojekt der französischen Firma Manurhin und der US-Firma Sturm, Ruger and Co. Ruger steuerte den Rahmen und das Schloss des »Service Six« bei, Manurhin aus eigener Produktion Trommel und Lauf. Bis 2003 lieferten die Mühlhausener 11.729 Exemplare an die französische Polizei.
1988 stellte Manurhin mit dem MR 88 eine Variante für den Zivilmarkt vor. Der Preis des MR 88 betrug nur knapp die Hälfte des MR 73.
1992 kam mit dem MR 93 ein Revolver mit futuristischem Design, der hauptsächlich für Sportschützen gedacht war. Die modular aufgebaute Waffe lässt sich leicht zerlegen. Bis auf die Schlagfeder sitzt das komplette Schloss auf der abnehmbaren Seitenplatte. Trommel samt Kran lassen sich nach Zurückdrücken eines Sperrbolzens einfach nach vorn aus dem Rahmen ziehen. Der einteilige Griff ist auf einen kurzen Rahmenstummel aufgeschoben und kann leicht gewechselt werden. Besonders innovativ die Laufeinheit, denn nur von *einem* Lauf kann man hier nicht sprechen, denn es sind drei Elemente vorhanden: der eigentliche Lauf, den Manurhin in gleicher Qualität wie beim MR 73 selbst produziert, ein schwerer Laufmantel aus Stahlfeinguss und ein Federring. Der Federring stützt den Lauf gegen den Mantel ab; der Lauf wird mit einem Drehmoment von 26,5 nm auf Zugspannung mit dem Rahmen verschraubt. Dieses System dämpft unerwünschte Schwingungen und der Lauf lässt sich leicht wechseln. Im Unterschied zum Dan Wesson handelt sich aber nicht um einen Revolver mit Laufwechselmöglichkeit, denn den Laufwechsel sollte nur das Werk vornehmen. Das dazu benötigte Spezialwerkzeug, einen gehärteten Negativ-Profil-Dorn, gibt Manurhin auch nicht heraus. Den MR 93 bot die Firma in Lauflängen von 3, 4, 5¼ und 6 Zoll an. Er wies ein schwarzes Satin-Finish auf, eine sehr widerstandsfähige Beschichtung aus PTFE-Kunststoff, die auch militärisch verwendet wird. Die Gewichte reichen von etwas mehr als 1000 g für den Dreizöller bis zu über 1300 g für die 6-Zoll-Version. Dem futuristischen Revolver war allerdings kein großer Erfolg beschieden. Von 1993 bis 1996 fertigte Manurhin lediglich 640 Exemplare. Die Waffe war vielen Schützen einfach zu groß und klobig.
Manurhin reagierte und brachte 1996 eine geänderte Version mit leichterer Laufhülse und Ventilationsöffnungen als MR 96 heraus. Die Möglichkeit, die Trommel ohne Werkzeug zu entnehmen, entfiel. Viel half die Kosmetik nicht, bis zur Produktionseinstellung 1999 wurden nur 568 Stück verkauft.
Den MR 73 und den MR 88 dagegen gibt es heute noch. Sie werden bei Chapuis in Frankreich weiter gebaut.

Deutsche .357er – die Edlen von Korth und Janz

Die Firma Korth wurde 1954 von Willi Korth gegründet, einem ehemaligen Mauser-Angestellten. 1982 zog sich Willi Korth aus der Firmenleitung zurück und verkaufte das Unternehmen wenig später. 1999 musste es, sich im Besitz der Firma Bernstorff befindend, Konkurs anmelden. Im April 2000 übernahm dann Armurerie Freylinger & Cie. aus Luxemburg die Firma und gründete 2001 eine Niederlassung in den USA. 2008 wurde Korth erneut geschlossen, um kurze Zeit später unter Führung von Martin Rothmann als PTW KORTH Technologies GmbH wieder zu erscheinen. 2009 erfolgte der Umzug von Ratzeburg/Schleswig-Holstein nach dem hessischen Lollar, wo bis heute Revolver in außergewöhnlicher Qualität und Technik gebaut werden. Die von Korth produzierten Waffen wurden und werden großteils in Handarbeit hergestellt. Lediglich etwa 30 Prozent der Bearbeitung erfolgt durch Maschinen. In jeder Waffe stecken über 70 Arbeitsstunden. Entsprechend gering ist die Jahresproduktion der kleinen Manufaktur und entsprechend hoch der Preis für einen Korth-Revolver.

Deutsche Korth-Revolver gelten international als Referenzklasse und werden oft als »Rolls Royce unter den Revolvern« betitelt. Technische Perfektion in Handarbeit und aufwändiges Finish treiben die Preise natürlich in schwindelerregende Höhen.

Die Schlosstechnik unterscheidet sich von

Deutscher Korth .357 Magnum mit Wechseltrommel 9 mm Luger.

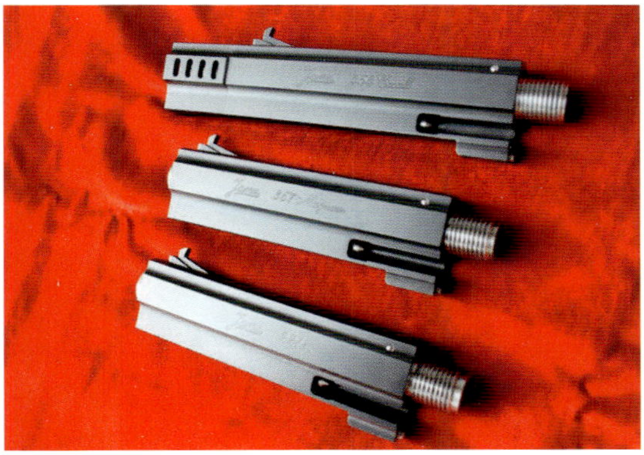

Gravierter Korth-Revolver aus Edelstahl.

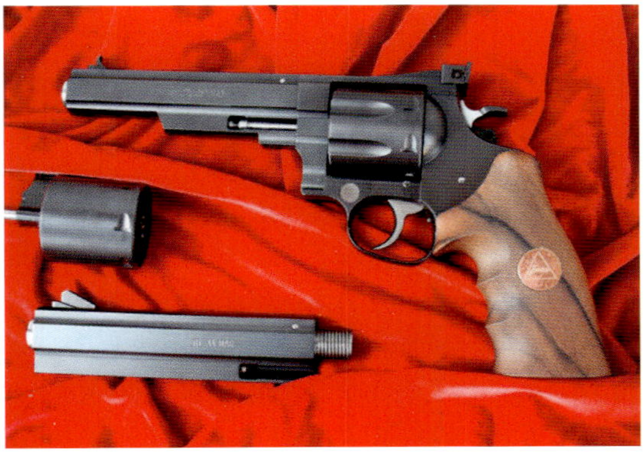

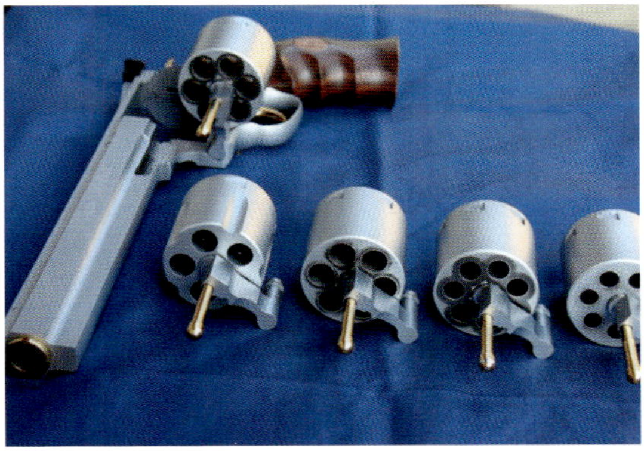

Unten ein .357er-Korth-Revolver, darüber verschiedene Janz-Modelle mit Wechseltrommeln und -läufen.

US-amerikanischen Revolvern erheblich. Der Hahn läuft über ein gehärtetes Stahlrädchen; der Abzugswiderstand lässt sich durch Austausch dieses Rädchens verändern. Beim Schießen mit Spannabzug ist ein echter Druckpunkt fühlbar, der es erlaubt, den Abzug erst zügig durchzuziehen und dann bei Erreichen des Druckpunktes – kurz vor dem Auslösen – abzustoppen. Mit etwas Übung kann so in *Double Action*-Manier fast so weich und ruckfrei wie mit vorgespanntem Hahn geschossen werden. Der Triggerstopp des Abzuges lässt sich bequem von außen über eine Inbusschraube einstellen. Die Schlagfeder ist in einer Teleskopführung eingekapselt. Rahmen, Schlossabdeckplatte, Kran, Trommel und alle Schlossteile bestehen aus geschmiedetem und auf 130–140 kg Zugfestigkeit vergütetem hochwertigen Stahl. Der gesamte Revolver ist also gehärtet. Verschleiß tritt hier kaum auf – eine Waffe, die für die Ewigkeit gebaut ist. Wer amerikanische Revolver gewohnt ist, greift beim Korth zunächst mal ins Leere, wenn er die Trommel entriegeln will. Der Korth verfügt über keinen Schieber auf der linken Schlossplatte, sondern entriegelt über einen Hebel rechts neben dem Hahn. Der Trommel-Ausbau erfordert kein Werkzeug – es genügt ein Fingerdruck auf die Entriegelungstaste links vor dem Abzug, und die Trommel lässt sich von der Trommelachse ziehen. Korth fertigt auch Wechseltrommeln im Kaliber 9 mm Luger, die sich auf diese Weise bequem einsetzen lassen. Auch beim Reinigen erweist sich diese »Trommel-Schnellentnahme« als feine Sache. Als technischer Kunstgriff entpuppt sich auch die Führung der Trommel im Rahmen. Die Verriegelung der Trommelachse erfolgt im Stoßboden und die der Achsspitze in einer Führungshülse unter dem Lauf. Der vordere Teil der Trommelachse dreht sich aber nicht mit. Diese Bauart verringert die Gefahr des Verklemmens der Ausstoßerstange. Korth-Revolver sind des Weiteren berühmt für ihr Finish. Die Oberfläche wird zuerst mit Profilschleifmaschinen behandelt und dann in Handarbeit nachpoliert. Rundpolierte Kanten, wie sie bei industriellen Polierverfahren zwangsläufig entstehen, sucht man hier vergeblich. Wunderschön, aber sehr arbeitsintensiv und entsprechend teuer. Neben den Gebrauchsrevolvern, die heute »National Standard« heißen und in Lauflängen von 2¾, 3, 4, 5¼ und 6 Zoll mit Hogue-Monogrips angeboten werden, baut Korth im Rahmen der »Super Sport«-Serie Wettkampfrevolver mit entsprechender Ausstattung. Dazu gehören etwa Laufmäntel mit Picatinny-Schiene oder vierfach verstellbarer Mehrdistanz-Visierschiene. Zu den .357ern sind auch Wechseltrommeln in 9 mm Luger erhältlich, die ohne Patronenclips funktionieren. Die alten Korth-Revolver aus Ratzeburger Fertigung sind heute gesuchte Sammlerwaffen und erzielen sehr hohe Preise.

Die Janz-Präzisionstechnik GmbH, ein feinmechanischer Betrieb mit Sitz in Malente, ging aus der 1935 von Hugo Janz in Kiel gegründeten Werkstatt für Präzisionsfeinmechanik hervor. In den 1990er-Jahren stellte Janz als Zulieferer verschiedene Waffenteile für Korth her. Um Waffenteile in Malente fertigen zu können, musste ein Büchsenmachermeister in der Firma vorhanden sein. So legte der damalige Inhaber der Janz GmbH, Uwe Janz, zusätzlich zu seinem Meister in Feinmechanik auch die Büchsenmacher-Meisterprüfung ab. Als Korth in Insolvenz ging, stapelten sich bei Janz nicht nur jede Menge unbezahlter Rechnungen, sondern auch Waffenteile im Lager. Daraufhin entschied Janz, seinen eigenen Revolver zu produzieren, wozu er

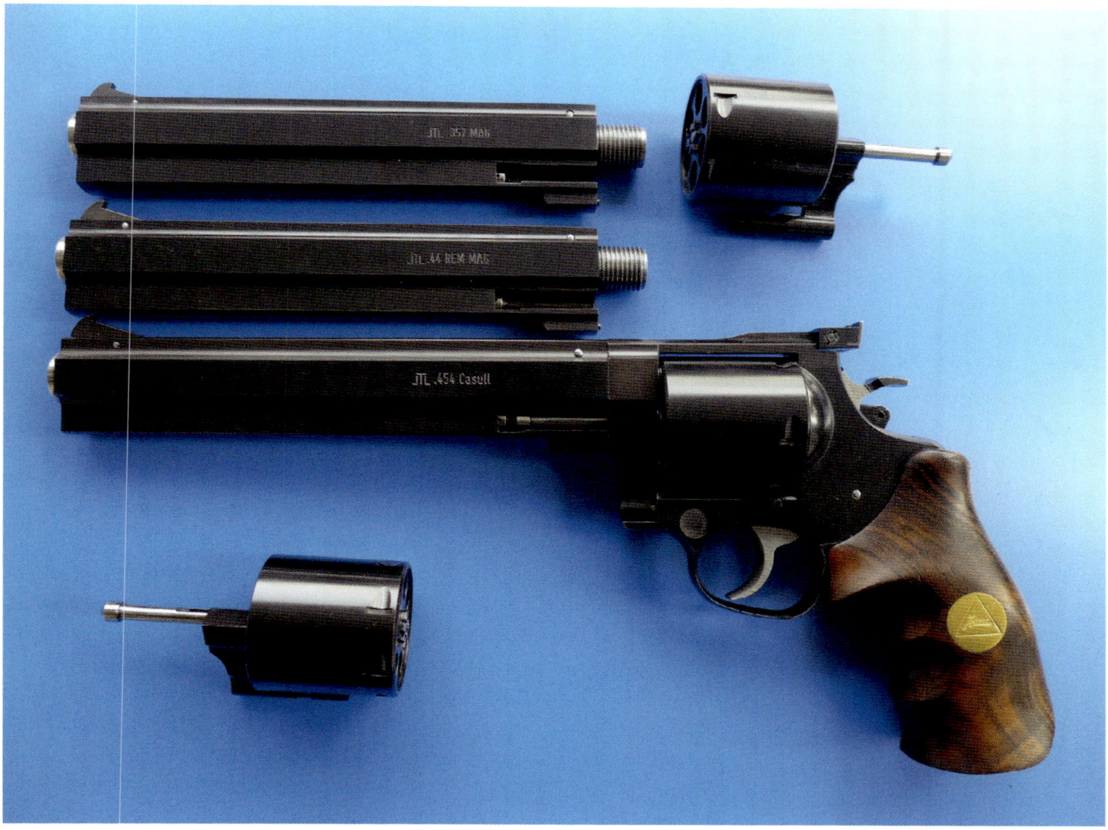

Janz-Revolver .454 Casull mit Wechseltrommeln und -läufen.

zur Unterstützung einen ehemaligen Korth-Techniker einstellte. Der erste hauseigene Präzisions-Revolver ging 1998 in Produktion. Seit 2000 baut Janz ein weltweit einmaliges Wechselsystem für Revolver mit unterschiedlichen Kalibern.

Janz-Revolver gibt es in verschiedenen Kalibern und in drei unterschiedlichen Rahmengrößen. Alle drei Rahmengrößen sind grundsätzlich als Festkaliber erhältlich. Dazu gibt es Modelle mit auswechselbaren Läufen und Trommeln, bei denen Kaliberwechsel von .22 lfB bis .454 Casull möglich sind.

Schlosstechnisch orientierte sich Janz am Korth und verfeinerte das Röllchen-Prinzip mit Rückspringhahn, direktem Schlagbolzen und selbsttätigem Sicherungsschieber weiter. Auch beim Material wird nur vom Besten genommen. Feinguss findet man an keinem Janz-Revolver; Rahmen, Kran und Laufmantel werden aus dem Vollen gefräst und nach der Bearbeitung Oberflächen-gehärtet. Das Hochglanzfinish erfordert gut 30 Stunden Handarbeit. Die kaltfließgepressten Läufe stammen von der Firma Lothar Walther. Die Trommel des .357er-Revolvers weist im Übrigen sieben Patronenlager auf.

Eine echte Innovation stellen aber die Janz-Modelle mit Kaliberwechselmöglichkeit dar. Ganz neu ist die Idee nicht. Bereits Anfang der 1980er-Jahre entwickelte die US-Firma United Sporting Arms auf Basis des »Seville Single Action«-Revolvers eine Waffe mit Wechselläufen und Wechseltrommel, die sich auf fünf

Derselbe Janz-Kanidat, Ansicht von rechts...

Kaliber von .357 Magnum bis .45 Winchester Magnum umrüsten ließ. Zu einer Serienfertigung kam es jedoch nie und United Sporting Arms verschwand vom Markt. Revolver mit Wechselsystem gab es weiterhin nur mit der Möglichkeit des Laufwechsels à la Dan Wesson. Beim Janz lassen sich sowohl Lauf als auch Trommel wechseln, was bei einer Waffe ganz unterschiedliche Kaliber ermöglicht.

Die Laufeinheit, bestehend aus Lauf und Laufmantel, wird mit neun Umdrehungen in den Rahmen geschraubt - und zwar von Hand. Handfest anziehen reicht. Die Läufe haben Rechtsdrall und ziehen sich also beim Schuss sozusagen selbst fest. Sollten sich die Läufe festgeschossen haben, hilft ein Spezialwerkzeug beim Lösen. Mit der Treffpunktlage gibt es auch keine Probleme, denn jeder Lauf hat sein eigenes Korn. Der Trommelwechsel ist noch einfacher und funktioniert wie beim Korth auf Knopfdruck. Janz bietet Kaliber von .22 lfB bis .454 Casull und Lauflängen von 2½ bis 12 Zoll an. Die Holzgriffschalen stammen von Nill und bestehen nicht aus Nussbaum-, sondern aus bedeutend widerstandsfähigerem Thujaholz. Ein Janz-Systemrevolver erlaubt es Schützen in Deutschland, eine ganze Reihe von Revolvern unterschiedlicher Lauflängen und Kaliber mit nur einem WBK-Eintrag zu besitzen. Wer es sich leisten kann, findet hier den perfekten Revolver in höchster Verarbeitungsqualität. Mehr als gut 100 Waffen lassen sich in dieser Spitzenqualität im Jahr kaum fertigen und das will bezahlt sein.

Janz-Revolver mit festem Lauf.

Janz-Revolver mit Wechselläufen und Wechseltrommeln.

Janz-Revolver Kaliber .454 Casull mit Wechselmöglichkeiten.

Sauer & Sohn, Weihrauch, Erma, Astra, Llama, Uberti, Pietta, Chiappa, Rossi und Taurus

Weltweit gibt es noch etliche Firmen, die Revolver für die Patrone .357 Magnum bauen oder gebaut haben. Bleiben wir zunächst in Deutschland. So fertigte die Firma Sauer & Sohn einen sehr soliden Hahnspanner, den Sauer »Single Action Army« (SAA). Bis in die 1980er-Jahre wurde er in den USA unter dem Siegel der Firma Hawes Firearms Co, Los Angeles, California vertrieben. Als rechtliche Probleme mit Hawes auftraten, verkaufte Sauer die Werkzeuge an den deutschen Waffenhersteller Weihrauch, der den Revolver bis etwa 2004 für den US-amerikanischen Markt weiter produzierte. Dort vertreibt ihn derzeit die Firma EAA als Modell »Bounty Hunter«. Damit sind wir beim nächsten deutschen Revolverhersteller, der Firma Weihrauch, die Revolver für Sport und Verteidigung in den Kalibern .22 lfB und .357 Magnum baut. Besonders die Gebrauchsrevolver der Serie »Arminius HW« im Kaliber .357 Magnum sind bei Schützen beliebt, die eine preisgünstige Waffe suchen. Die *Double Action*-Gebrauchsrevolver liegen bei etwa 500–600 €, was etwa ein Drittel des Preises eines US-Revolvers von S&W, Colt oder Ruger ausmacht. Für Sportrevolver muss man mehr bezahlen. Mit einer Palette von rund 30 Modellen stellt Weihrauch

Rossi-Taschenrevolver Modell 46.1.

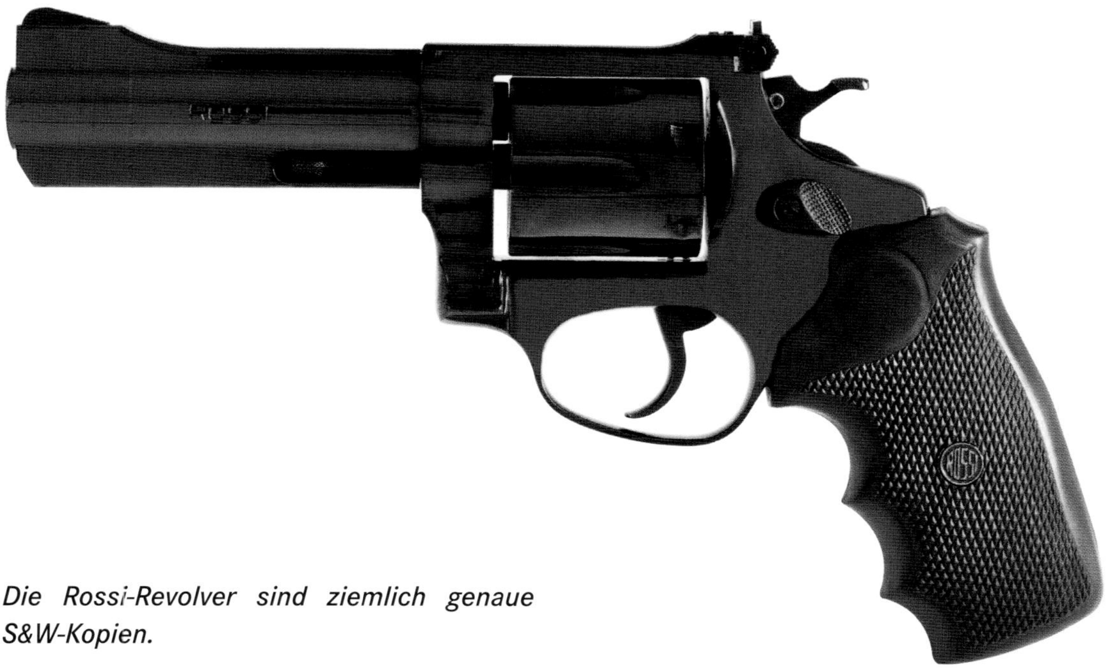

Die Rossi-Revolver sind ziemlich genaue S&W-Kopien.

Deutschlands größten Revolverhersteller dar. Optisch lehnen sich die Weihrauch-.357er an Smith & Wesson-Revolvern an, sind aber völlig anders aufgebaut. Der Rahmen aus solidem Stahl ist aber zweiteilig. Angesetzt ein Griffstück aus Zinkdruckguss. Auch eine abnehmbare Seitenplatte gibt es nicht, Weihrauch setzt das Schloss seiner Spannabzugsrevolver wie Ruger von unten in den Rahmen ein und verstiftet es. Viele Teile, wie Hahn, Abzugsschuh und Visierung, bestehen aus Zinkdruckguss. Irgendwo muss der günstige Preis ja her kommen. Günstiger ist ein .357 Magnum Gebrauchsrevolver kaum zu haben.

Auch die Erfurter Maschinen- und Werkzeugfabrik Berthold Geipel GmbH (ERMA) unternahm mit dem Erma ER 777 einen kurzen Ausflug in die Welt der .357-Magnum-Revolver. Die Sportwaffe im Stil des S&W 686 wurde mit 4- und 5½- Zoll-Läufen von 1990 bis 1995 gefertigt.

Auch im Süden Europas wurden und werden .357er-Revolver gebaut. In Spanien zählt die 1908 im baskischen Eibar gegründete Firma Astra zu den ältesten Kurzwaffenherstellern. Bereits in den 1920er-Jahren vertrieb Astra Revolver unter dem Markennamen »Union«, die aber im Astra-Auftrag von baskischen Firmen gebaut wurden und Kopien verschiedener S&W- und Colt-Revolver darstellten, vornehmlich in den Kalibern .22 lfB und .38 Special. 1958 begann Astra mit der Herstellung eigener Revolvermodelle. Der für .22 lfB und .38 Special eingerichtete Astra »Cadix« sah dem S&W »Chiefs Special« sehr ähnlich. Davon verkaufte Astra fast 200.000 Stück. 1971 brachte die Firma ihren ersten .357er heraus. Auch wieder nach Smith & Wesson-Vorbild gefertigt, aber unter Einbringung eigener Ideen. So wurde die Schlagfeder in einem Ring mit verschieden tiefen Lagerbohrungen angebracht. Je nach Lage der Feder ergab

sich so eine höhere oder niedrigere Spannung und der Abzugswiderstand ließ sich einfach verstellen. Den Astra M960 gab es in den Lauflängen 2, 3, 4, 6 und 8½ Zoll sowohl in brünierter Ausführung als auch aus rostfreiem Stahl. Bis zur Produktionseinstellung 1992 fertigte Astra 64.957 M960 im Kaliber .357 Magnum. Diese Waffen werden heute auf dem Gebrauchtwaffenmarkt recht günstig angeboten. Ersatzteile wird man aber wohl kaum noch bekommen.

Der zweite spanische Revolverhersteller, die Firma Llama, sitzt ebenfalls in Eibar. Bereits 1904 baute sie erste Revolver, Kopien des Colt »New Service« und des russischen Nagant-Revolvers. Die von 1955 bis 1970 gefertigten »Ruby«-Revolver stellten Kopien der Militär- und Polizeimodelle von Smith & Wesson im Kaliber .38 Special dar. Sie erfreuten sich besonders auf den Philippinen und in Südamerika großer Beliebtheit. Der erste .357er kam 1975 und wurde bis 1997 gebaut. Der

Die deutsche Firma Sauer & Sohn fertigte einen »Single Action Army« im Kaliber .357 Magnum, den Hawes Firearms & Co unter eigenem Firmennamen als Modell »Western Marshal« in den USA vertrieb.

Llama »Comanche« mit 4 und 6 Zoll Lauflänge lehnte sich am großrahmigen-S&W-.357er an und war eigentlich für den US-Markt gedacht. Dort kam er aber nicht sonderlich gut an. 1994 brachte Llama den »Super Comanche« mit 4-, 6- oder 8½-Zoll-Lauf, ventilierter Laufschiene, verstellbarem Visier, breitem Targethammer, extra breitem Abzug und Sportgriffschalen aus Walnussholz heraus. Nach Insolvenz und gescheiterten Rettungsversuchen stellte Llama 2005 den Betrieb endgültig ein. In Italien findet sich mit der Firma Uberti in Brescia einer der größten Hersteller von Nachbauten des Colt »Single Action Army«. Eine beliebte Waffen für das Westernschießen, die neben den klassischen Westernkalbern .45 Colt und .44-40 auch in .357 Magnum gefertigt wird. Uberti führt eine kaum überschaubare Modellvielfalt an Single Action-Revolvern im Programm. Das Modell »Cattleman« für den Wettbewerb »1880« beim Cowboy Action Schießen (CAS) sticht besonders hervor. Der »Cattleman« stellt bis auf die Trommelachse, die im vorderen Teil eine zweite Nut aufweist, einen ziemlich genauen Nachbau des Colt SAA 1873 dar. Durch Eindrücken der Achse in die zweite Nut lässt sich ein Abschlagen des Zündstiftes auf das Zündhütchen der Patrone vermeiden. Wohl ein Zugeständnis an US-amerikanische Sicherheitswünsche, das bei Wettkampfschützen weniger gut ankommt. Sie besorgen sich meist eine Trommelachse mit nur einer Nut, um nicht versehentlich aufgrund falsch positionierter Trommelachse mit nicht funktionierender Waffe da zu stehen. Die Uberti-Nachbauten des Colt SAA stellen ansonsten preisgünstige und gut verarbeitete .357-Magnum-Revolver dar. Uberti gehört heute zum Beretta-Konzern. Von 2000 bis 2003 gab es daher kurzzeitig auch einen Single Action-Beretta-Revolver, das bei Uberti gebaute Modell »Stampede«. Es blieb bei diesem kurzen Ausflug des großen Waffenkonzerns in die Revolverwelt.

Hauptkonkurrent von Uberti in Italien bei den Westernrepliken ist die Firma Pietta im unweit

Brescia gelegenen Gussagno. Auch sie bietet eine breite Palette an 1873er-*Single Action*-Revolvern an. Speziell für die CAS-Wettbewerbe entwickelte Pietta das Modell »Tombstone«, technisch eigentlich ein Colt SAA in der Originalkonstruktion, aber mit dem um etwa 5 mm längeren Griffrahmen des Perkussionsrevolvers »1860 Army«. Pietta richtete den »Tombstone« außer für die beiden Westernpatronen .45 Long Colt und .44-40 auch für die .357 Magnum ein.

Ein weiterer italienischer Hersteller, die ebenfalls in Brescia ansässige Firma Chiappa, schuf 2010 mit dem »Rhino II« einen sehr ungewöhnlich und exotisch aussehenden Revolver. Die Waffe wird von Chiappa Firearms in Brescia/Italien und Dayton/Ohio, USA gefertigt. Sie zeichnet sich durch ihre unorthodoxe Bauweise aus: der Lauf befindet sich vor dem untersten anstatt dem obersten Patronenlager der Trommel und liegt somit nicht höher als die Hand des Schützen. Dies mindert den Hochschlag bei der Schussabgabe; die Waffe überträgt den Rückstoß fast geradlinig in die Schusshand. Die Trommel ist sechseckig anstatt rund und dadurch in Teilbereichen von geringerem Durchmesser, ein Vorteil beim verdeckten Tragen. Chiappa baut den »Rhino II« hauptsächlich im Kaliber .357 Magnum, hat ihn aber auch für die Pistolenpatronen 9 mm Luger und .40 S&W eingerichtet.

Vom Süden Europas geht es jetzt nach Südamerika, genau gesagt nach Brasilien. Dort sind mit Rossi und Taurus zwei große Handwaffen-Hersteller beheimatet.

Die 1889 in Sao Leopoldo gegründete Firma Amadeo Rossi SA verkaufte Revolver und Pistolen weltweit. In den 1970er-Jahren wurden Rossi-Waffen von Interarms, Virginia, in den USA vertrieben; 1997 gründete Rossi mit Rossi BrazTech eine eigene Tochterfirma in den USA. Rossi-Revolver waren in den USA und in Kanada sehr beliebt, da deutlich preisgünstiger als US-Revolver. Rossi baute handliche Verteidigungsrevolver für das verdeckte Tragen, Dienstrevolver mit 4-Zoll-Lauf für Behörden sowie Sportrevolver mit langen Läufen und verstellbarer Visierung. Es gab Ausführungen mit Brünierung und aus Edelstahl.

Schlosstechnisch stellen Rossi-Revolver recht genaue Kopien der entsprechenden Smith & Wesson-Revolver dar; selbst die Rahmengröße entspricht dem K-Rahmen von S&W. Die Modelle 461 (brüniert) und 462 (Edelstahl) sind beliebte Taschenrevolver mit 2-Zoll-Lauf. Das Modell 833 mit bis zur Mündung reichendem, kantigem Ausstoßergehäuse weist als Besonderheit eine Schiene mit verschiebbarem Laufgewicht auf. Für das Scheibenschießen keine schlechte Idee, die Vorderlastigkeit lässt sich so individuell anpassen. Derzeit fertigt Rossi keine Kurzwaffen mehr, die Produktionslinie der Revolver und Pistolen wurde vom zweiten großen brasilianischen Waffenhersteller, der Firma Taurus, übernommen. Taurus wurde 1939 gegründet; 1941 verließ der erste Revolver das Werk in São Leopoldo. Seit 1968 exportiert Taurus sehr erfolgreich Revolver in die USA, wo die Firma 1982 in Miami die Niederlassung Taurus USA gründete. Die Ähnlichkeit der Taurus- mit den S&W-Modellen kommt nicht von ungefähr. 1970 wurde S&W von einer Holding namens Bangor Punta gekauft und kurze Zeit später erwarb diese Holding auch Taurus. S&W und Taurus bildeten jetzt Schwesterfirmen innerhalb der Holding und es erfolgte ein reger Technologietransfer von S&W zu Taurus. Schnell galten die Taurus-Revolver als die niedrigpreisigen »Low Cost«-Versionen der S&W-Modelle. 1977 kaufte ein brasilianischer Unternehmer Taurus von Bangor Punta zurück. Von da an ging Taurus eigene Wege bei der Entwicklung und steigerte vor allem die Qualität. Ab den 1990er-Jahren erschienen zahlreiche Neuentwicklungen auf dem Markt. So baute Taurus als welterste Firma eine Waffe weitgehend aus dem schwer zu bearbeitendem Leichtmetall Titan. 2015 übernahm der Manager Marco Aurélio Salvany das Unternehmen, das heute hauptsächlich im brasilianischen São Leopoldo produziert. Das Hauptstandbein der Brasilianer bilden Revolver und hier haben sie einiges vorzuweisen. So bietet Taurus .357er- Revolver in drei Rahmengrößen an. Der Medium-Rahmen kennzeichnet die kleinen Modelle, die es mit fünf-, sechs- aber auch siebenschüssiger Trommel gibt. Etwas größer fällt der Compact-Rahmen aus und hier führt Taurus eine große Auswahl mit sechs- und siebenschüssiger Trommel, unterschiedlichen Lauflängen und Ausstattungen im Programm. Der große Rahmen, eigentlich für schwerere Revolverkaliber wie .44 Magnum gedacht, dient auch einem .357er-Modell mit achtschüssiger Trommel. Fast alle Taurus-Revolver sind in Lauflängen von 2 bis 6 Zoll zu haben, einige auch mit 8½ Zoll. Wahlweise in brünierter Ausführung oder in Edelstahl; einige Modelle als Ultraleicht mit Aluminiumrahmen, oder die Titanium-Model-

Der ungewöhnliche Chiappa »Rhino II« mit tief liegendem Lauf.

Taurus-Revolver Modell 605 mit Polymerrahmen.

le mit Rahmen, Trommel und Laufmantel aus Titan. Der Taurus 605 »Poly Protector« erhielt sogar einen Polymerrahmen; der kleine Fünfschüsser wiegt gerade mal etwas über 600 g. Den Ruf als Hersteller billiger S&W-Kopien hat Taurus längst abgelegt; die Brasilianer werden heute in einem Atemzug mit S&W, Colt oder Ruger genannt, wenn über Revolver gesprochen wird. Wir werden auf die innovative brasilianische Firma später noch mehrmals eingehen, denn Taurus baut auch Revolver in schweren Magnumkalibern wie .44 Magnum, .454 Casull oder .480 Ruger.

Resümee: Wer heute einen Revolver im Kaliber .357 Magnum erwerben möchte, kann aus einer unglaublichen Auswahl wählen. Gleich, ob es ein handlicher 2-Zöller als Fangschusswaffe sein soll oder ein langläufiger Scheibenrevolver, ist für jeden Geldbeutel etwas zu finden. Vom gebrauchten Astra, Rossi oder Taurus für 200 € bis hin zum Janz, der schonmal einen fünfstelligen Eurobetrag kosten kann, sofern das komplette Programm mit Wechselläufen und Wechseltrommeln dabei sein soll, ist alles zu haben. Damit ist das Ende der Fahnenstange bei den .357-Magnum-Waffen aber noch lange nicht erreicht.

Denn für die starke Revolverpatrone wurden und werden auch Pistolen gebaut.

Kipplaufpistolen für die Patrone .357 Magnum

Die .357 Magnum stellt eigentlich eine klassische Revolverpatrone mit Rand dar, dennoch wurden auch Pistolen für sie eingerichtet. Zum einen Kipplaufpistolen, die sich für eine Randpatrone geradezu anbieten und technisch kein Problem darstellen. Zum anderen Selbstladepistolen, die technisch schon deutlich höhere Ansprüche stellen und höheren Aufwand erfordern. Bei den für das Präzisionsschießen gedachten Kipplaufpistolen bildet das Modell »Contender« der US-Firma Thompson/Center sicherlich die Nummer 1. Als die Pistole 1967 auf den Markt kam, war sie für kleine, rückstoßarme Kaliber wie .22 lfB, .22 Hornet, .22 Jet oder auch die stärkere .222 Remington eingerichtet, doch das änderte sich schnell. Die »Contender« schlug bei Markteinführung zwar teurer als ein Jagdrevolver zu Buche, bot aber auch mehr Möglichkeiten durch den schnellen, unkomplizierten Laufwechsel, der nur einen Schraubendreher erforderte. Rahmen und System der »Contender« zeigten keine kaliberspezifischen Merkmale und der Hahn ließ sich sogar von Zentralfeuer auf Randfeuer umstellen. Das komplette Visier wurde auf dem Lauf befestigt, was das erneute Einschießen nach einem Kaliberwechsel erübrigte. Zum Laufwechsel musste nur der Vorderschaft abgenommen und der Scharnierbolzen herausgedrückt werden. Anfangs waren die Läufe achteckig, später ging Thompson/Center zu runden Läufen über. Das Rahmendesign änderte sich zwar mehrfach, aber jeder »Contender«-Lauf passt in jeden Rahmen. Die »Contender« ließ sich für fast jede Patrone einrichten, solange der Spitzengasdruck von 48.000 CUP nicht überschritten wurde. Das größte für die »Contender« angebotene

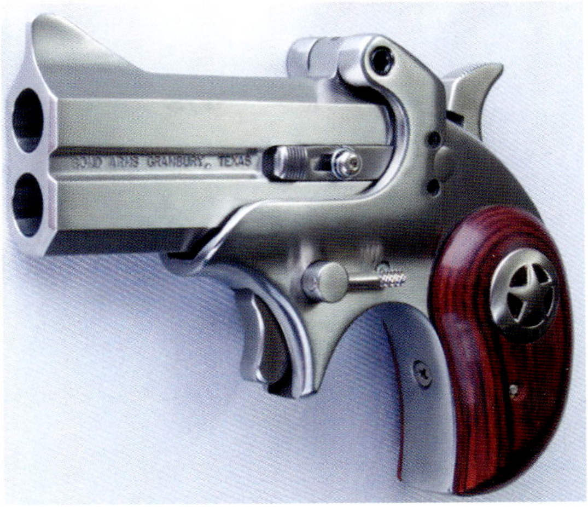

»Derringer« von Bond Arms.

Werkskaliber stellte die Patrone .45-70 dar. Die Vielseitigkeit der »Contender« löste in den USA einen wahren »Wildcat«-Boom aus und auch andere Hersteller wie JDJ, TCU oder Herret boten Läufe für die »Contender« in eigenen Kalibern an. Den Lauf .357 Magnum gab es auch mit einem aufschraubbarem Choke-Aufsatz, um Schrotpatronen bei der Jagd auf Schlangen oder Ratten verschießen zu können. Speziell für die »Contender« gab es .357-Magnum-Schrotpatronen mit sehr langen Schrotbecher und entsprechend hoher Vorlage. Der aus der Hülse herausragende Schrotbecher war länger als die .357er-Hülse selbst. Aus einem Revolver hätte man solche Patronen wegen der begrenzten Trommellänge nicht verschießen können, ein klarer Vorteil für die »Contender«. Bis heute stellt die »Contender« die erfolgreichste Pistole für Magnumpatronen dar. Wir werden sie bei den großen Magnums noch einige Male treffen.
Sehr beliebt ist die .357 Magnum aber auch als Kaliber für kleine, leicht zu verbergende Taschenwaffen, im Volksmund »Derringer« genannt. Die korrekte Schreibweise wäre je-

»Contender«-Kipplaufpistole von Thompson/Center.

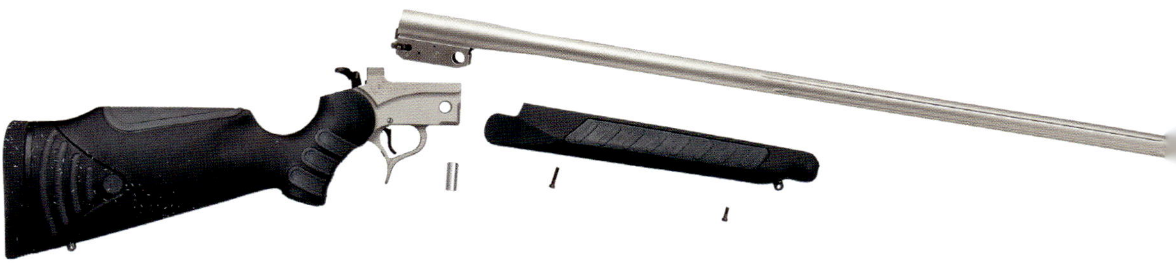

Die TC »Encore« lässt sich auch im Handumdrehen in eine Kipplaufbüchse umbauen. Thompson/Enter bietet längere Läufe und einen Gewehrhinterschaft an.

doch »Deringer« mit nur einem »r«: Die Waffe geht auf Henry Deringer zurück, der 1835 eine kleine, einschüssige Vorderladerpistole mit Perkussionszündung entwickelte, die im Westen der USA schnell beliebt wurde. Mit einer solchen Waffe, allerdings im Kaliber .44, wurde 1865 der amerikanische Präsident Abraham Lincoln erschossen. Später wurde der Name in der abgewandelten Schreibweise »Derringer« allgemein auf ein- oder mehrläufige Taschenpistolen unterschiedlicher Kaliber mit kurzem Lauf übertragen. Die heutigen, modernen »Derringer« für die .357 Magnum werden nach dem Vorbild des Remington »Double Derringer« mit zwei übereinander liegenden Läufe und außenliegendem Hahn gebaut. Zum Laden wird das Laufbündel nach oben abgeklappt. In den USA werden Derringer im Kaliber .357 Magnum von Herstellern wie Bond Arms, American Derringer,

Vierläufiger »Derringer« von COP.

Herters oder Buffalo Arms in verschiedenen Lauflängen und Ausführungen angeboten. Die italienische Replika-Schmiede Uberti nahm mit dem Modell »Maverick« ebenfalls einen »Double Derringer« nach Remington-Vorbild ins Programm. Die kleinen Taschenwaffen sind auch bei Jägern als Fangschusswaffe beliebt, denn sie lassen sich leicht mitfüh-

Das Laufbündel lässt sich abklappen und nimmt vier Patronen auf.

ren und reichen in ihrer Wirkung auf 2–3 m Schussdistanz völlig aus. Meist wird jedoch die Patrone .38 Special geladen, denn der winzige Griff eines »Derringer« lässt sich kaum vernünftig greifen. Bei den ersten Versuchen mit .357er-Patronen könnte es für »Derringer«-Schützen empfehlenswert sein, zur Vermeidung von Kopfverletzungen einen Motorrad-Integralhelm aufzusetzen. Abgesehen davon erleidet die mit progressivem Pulver geladene .357 Magnum aus den Stummelläufen natürlich einen extremen Leistungsverlust. Von »Magnum« bleibt da nicht mehr viel übrig.

Die kalifornische Firma COP brachte 1983 einen vierläufigen »Derringer« in .357 Magnum auf den Markt. Die Funktion entspricht in etwa dem vierläufigen Sharps »Derringer« von 1850. Die vier Läufe sind in einen massiven Block gebohrt, beim COP aus Edelstahl, und jeder Lauf besitzt einen eigenen Schlagbolzen. Der innenliegende Hammer bedient ein rotierendes Übertragungsstück, so dass er bei jedem Durchziehen des Spannabzugs auf den nächsten Schlagbolzen trifft. Der massiv gearbeitete COP-»Derringer« kam ganz in Edelstahl. Für eine Taschenwaffe war er aber mit 750 g zu schwer und daher kein großer Erfolg. Die Firma COP wurde nach kurzer Zeit aufgelöst, der COP »Derringer« ab 1990 noch für kurze Zeit von der Firma American Derringer gefertigt, dann aber endgültig eingestellt. Heute bilden die kleinen Vierschüsser beliebte Sammlerstücke.

Brünierte Modelle der »Contender«-Kipplaufpistole in verschiedenen Kalibern und mit Zielfernrohr.

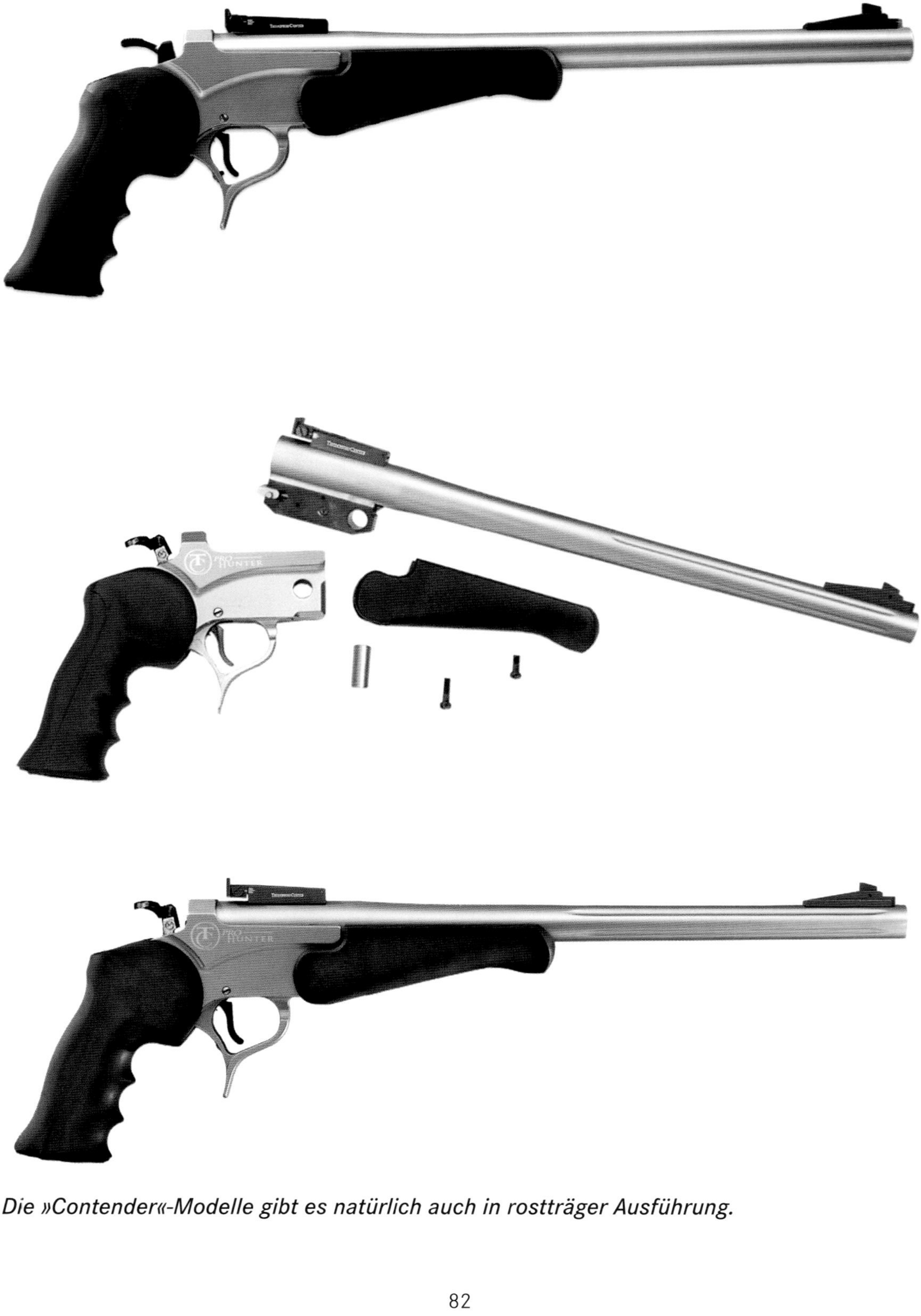

Die »Contender«-Modelle gibt es natürlich auch in rostträger Ausführung.

Selbstladepistolen für die .357 Magnum

1985 entwickelte der US-Waffenhersteller Magnum Research mit der »Desert Eagle« die erste Selbstladepistole im Kaliber .357 Magnum. Die Fertigung erfolgte bei IMI (Israel Military Industries). Heute baut Magnum Research die Pistolen wieder selbst. Die Waffen von IMI hatten Polygonläufe, heute werden herkömmliche Feld/Zug-Profile verwandt. Bei der »Desert Eagle« ist nicht nur das Kaliber ungewöhnlich, sondern auch die Technik, denn bei der Waffe handelt es sich um einen Gasdrucklader mit Drehkopfverschluss. Das einreihige Magazin fasst 9 Patronen. Wegen ihrer Größe und ihres Gewichtes – eine »Desert Eagle« bringt ungeladen 2 kg auf die Waage – eignet sie sich nicht zur Dienstwaffe und wird hauptsächlich als Sport-und Jagdwaffe eingesetzt. Bis heute (2025) fanden drei grundlegende Überarbeitungen statt. Dem Ursprungsmodell MK I folgte die MK VII und dann das aktuelle Modell MK XIX. Neben dem Ursprungskaliber .357 Magnum wurde die »Desert Eagle« auch für die Patronen .41 Magnum, .44 Magnum und .50 Action Express eingerichtet. Auch Sonderkaliber wie .440 Corbon finden sich. Alle »Desert Eagle«-Versionen verwenden das gleiche Griffstück. Es ist also möglich, das vollständige Wechsel-

Gasdrucklader »Desert Eagle« in .357 Magnum.

system aus Lauf und komplettem Verschluss einer »Desert Eagle« MK XIX mit dem Griffstück einer MK VII oder MK I – oder umgekehrt – zu verwenden. Die Verschlussköpfe der MK XIX lassen sich allerdings nicht gegen jene der MK I oder MK VII austauschen. Die »Desert Eagle« in .357 Magnum gab es in den Lauflängen 6, 10 und 14 Zoll. Ursprünglich eher als Nischenprodukt gedacht, fand die »Desert Eagle« auf dem Zivilmarkt rasch ihre Anhänger. Das mag mit an ihrer Größe und ihrem »martialischen Aussehen« gelegen haben, was ihr auch zu einer Karriere in zahlreichen Actionfilmen verhalf. Durch ihre Verfügbarkeit in den Waffenarsenalen zahlreicher Action-Computerspiele ist sie auch über die Waffenszene hinaus bekannt geworden.

Fast zeitgleich zur »Desert Eagle« kam Mitte der 1980er-Jahre mit der »Coonan« eine weitere Pistole im Kaliber .357 Magnum auf den Markt. Bei der von Coonan Arms Incorporated hergestellten Selbstladepistole handelt es sich um eine modifizierte 1911er-Pistole aus rostfreiem Stahl mit Browning-Verschluss. Zunächst verbaute Coonan Arms das für die Colt M1911 typische Kettenglied, ersetzte es aber sehr schnell durch eine Steuerkurve unterhalb des Patronenlagers. Für die lange

Edelstahl-Ausführung der »Desert Eagle«.

Die »Coonan« ist eine vergrößerte Colt M1911 im Kaliber .357 Magnum.

.357er-Patrone mussten Schlitten, Griffstück und Magazin natürlich völlig neu konstruiert werden. Die »Coonan« war zwar bedeutend handlicher als die »Desert Eagle«, fand aber bei Weitem nicht deren Verbreitung. 1998 stellte Coonan Arms die Fertigung ein. 2014 bis 2019 erschien die »Coonan« dann wieder auf dem Markt, dann fand die Produktion ihr endgültiges Ende.Eine weitere übergroße 1911er-Pistole für Magnumkaliber bildete die in den 1980er-Jahren von Perry Arnett konzipierte »Grizzly« der LAR Manufacturing Incorporation. Diese Multikaliberpistole war zuerst für die .45 Winchester Magnum eingerichtet worden; der Umrüstsatz für die .357 Magnum kam erst später. Auf die »Grizzly« wird daher im Detail bei der Patrone .45 Winchester Magnum eingegangen.

Weitere Magnumpatronen und ihre Waffen

.22 Winchester Magnum Rimfire und .17 Hornady Magnum Rimfire

Die .22 Winchester Magnum Rimfire (WMR) bildete lange Zeit die kleinste Patrone mit »Magnum«-Zusatz, die auch in Kurzwaffen Verwendung fand. Erst als Taurus auf die Idee kam, das Revolvermodell »Tracker« für die .17 Hornady Magnum Rimfire (HMR), eine auf .17 eingezogene .22 Magnum, einzurichten, verlor sie diese Stellung.

Munitionshersteller Winchester brachte die Randfeuerpatrone .22 WMR im Jahr 1959 auf den Markt. Interessanterweise brachten unmittelbar nach Markteinführung die Waffenhersteller Smith & Wesson und Ruger Revolver für die neue Patrone heraus. Die erste Büchse in .22 Magnum folgte erst ein Jahr später.

Gedacht war die .22 Magnum als leistungsstarke, preiswerte .22er-Patrone für die Klein- und Raubwildjagd. Dafür nutzen sie Jäger auch heute noch gern. In Deutschland

Die .22 Magnum ist eine Randfeuerpatrone.

Ruger brachte den ersten Revolver in .22 Magnum auf den Markt, ein Jahr bevor es eine Büchse dafür gab. Hier mit Wechseltrommel .22 lfB.

Der Leistungsverlust aus kurzläufigen Taschenrevolvern ist sehr groß.

machte die .22 WMR Karriere als Patrone für Krieghoff-Einstecklàufe, die sich in den 1960er- und 1970er-Jahren im rechten Schrotlauf fast jeden Drillings fanden. Gegenüber der bisher eingesetzten .22 lfB machte die .22 WMR leistungsmäßig einen gewaltigen Sprung nach vorn. In ihrer 26,8 mm langen Hülse ließ sich wesentlich mehr Pulver unterbringen als in der nur 15,57 mm langen Hülse der .22 lfB. Je nach Geschossgewicht – üblich sind 30, 40 oder 50 grs – erreicht die kleine Magnum aus einem Gewehrlauf eine Mündungsgeschwindigkeit von über 600 m/sek und damit eine Mündungsenergie von 420 bis 480 Joule. Eine beindruckende Leistung für solch einen Winzling.

Der Haken an der Sache: Diese Leistung lässt sich nur aus einem Gewehrlauf erzielen; bei Faustfeuerwaffen-Läufen sieht es ganz anders aus. Dies hielt aber eine ganze Reihe von Herstellern nicht davon ab, Kurzwaffen im Kaliber .22 Magnum zu bauen. So richteten alle

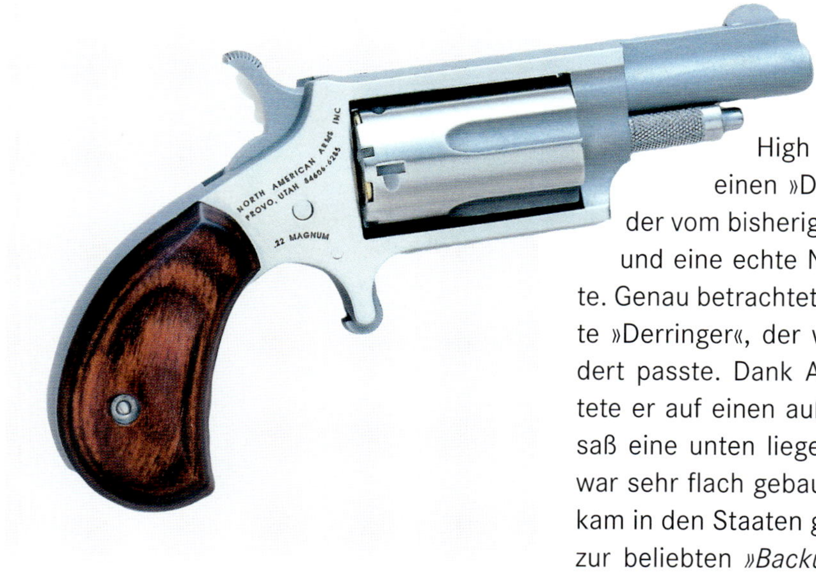

Der fünfschüssige Minirevolver von North American Arms stellt einen echten Westentaschenrevolver dar.

großen US-Revolverhersteller Modelle für die .22 WMR ein, sehr beliebt waren etwa *Single Action*-Revolver wie der Colt »Frontier« oder der Ruger »Single Six«, die Colt und Ruger auch mit einer Wechseltrommel .22 lfB zum preiswerten Übungsschießen anboten. Aber auch *Double Action*-Revolver wie der Smith & Wesson Mod. 48, der High Standard »Sentinel« oder die Taurus-Modelle 941, 942 oder 992 erfreuten sich als .22-Magnum-Waffen großer Beliebtheit. Die schlanke Hülse der .22 WMR erlaubte es überdies, mehr als nur die üblichen sechs Patronen in der Trommel unterzubringen. Taurus-Revolver .22 WMR fassen 8 Schuss, der High Standard »Sentinel« sogar 9. Als wahrer Verkaufsschlager in den USA entpuppte sich der fünfschüssige Westentaschenrevolver von North American Arms (NAA). Ein echtes Fliegengewicht von lediglich 185 g, das sich so gut wie unsichtbar verdeckt mitführen lässt.

High Standard brachte 1962 einen »Derringer« auf den Markt, der vom bisherigen Konzept völlig abwich und eine echte Neukonstruktion darstellte. Genau betrachtet war diese Waffe der erste »Derringer«, der wirklich ins 20. Jahrhundert passte. Dank Abzugsspannung verzichtete er auf einen außen liegenden Hahn, besaß eine unten liegende Scharnierwelle und war sehr flach gebaut. Diese moderne Waffe kam in den Staaten gut an und wurde schnell zur beliebten *»Backup«*-Waffe, denn sie ließ sich wirklich problemlos verdeckt führen und leicht am Körper verstecken. High Standard versuchte auch nicht, den kleinen »Derringer« für ein rückstoßstärkeres, größeres Kaliber einzurichten, sondern beschränkte sich auf die beiden Randfeuerkaliber .22 lfB und .22 Magnum. Besonders als .22-Magnum-Waffe feierte der »Derringer« durchaus Erfolge am Ladentisch: bis 1984 verkaufte High Standard über 10.000 Exemplare.

Auch Selbstladepistolen wurden für die .22 WMR eingerichtet. Als erstes Modell trat die »Automag« von AMT in Erscheinung, eine ganz aus Edelstahl bestehende Pistole, die der Hersteller in verschiedenen Lauflängen anbot.

Eine halbautomatische Pistole für die Randfeuerpatrone .22 Magnum einzurichten, war gar nicht so einfach und brachte eine Menge Probleme mit sich. Die .22 Magnum ist mit relativ langsam brennendem Pulver geladen und entwickelt einen späten Spitzengasdruck. Dies führt dazu, dass sich der Hülsenmund ausdehnt und die Hülse fest in

Der High Standard »Derringer« im Kaliber .22 Magnum entpuppte sich als Verkaufsschlager und beliebte Back Up-Waffe (Zweitwaffe).

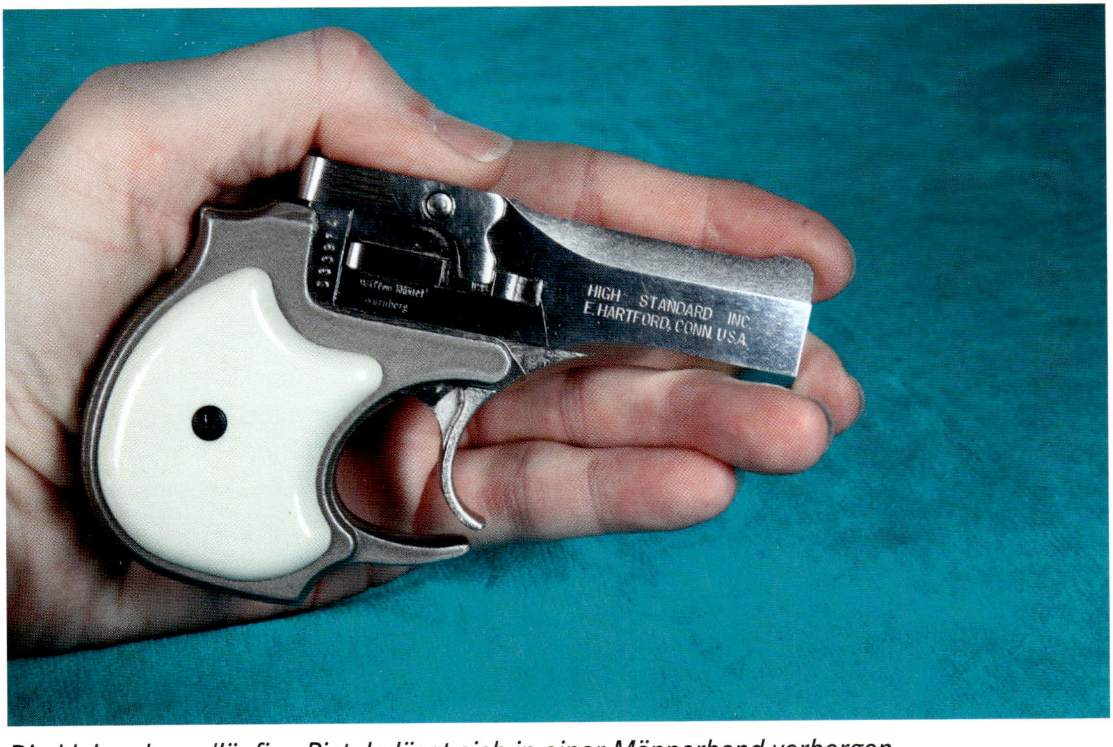

Die kleine doppelläufige Pistole lässt sich in einer Männerhand verbergen.

Das Magazin der Keltec PMR 30 fasst 30 Patronen und die Pistole wiegt nur 438 g.

der Kammer sitzt. AMT löste dieses Problem mit 18 im Winkel von 90 Grad in die Kammer gebohrten Löchern, die eine darüber geschweißte Hülse mit geringem Abstand abdeckte. Beim Schuss wurde das überschüssige Gas vom ersten Lochsatz zum zweiten geleitet und dadurch der Duck soweit gemindert, dass es nicht zum »Festbacken« der Hülse im Patronenlager kam. Ein großer Erfolg wurde die AMT trotzdem nicht: als *»Backup«*-Pistole war sie zu groß und schwer, ihr einreihiges Magazin fasste nur 9 Patronen, das der Compact-Ausführung sogar nur 8. Auch der auf Basis der Colt M1911 gebauten .22-Magnum-Pistole von Rock Island Amory (RIA) war kein großer Erfolg beschieden, obwohl ihr Magazin immerhin 14 Patronen aufnahm. Sie war aber so groß und schwer wie eine .45er Colt M1911. Über mangelnde Feuerkraft und zu hohes Gewicht konnten sich Schützen bei der dritten bekannten .22 Magnum Pistole, der Keltec PMR 30, hingegen nicht beklagen. Zum einen fasste ihr Magazin 30(!) Patronen .22 WMR, zum anderen wog sie nur 438 g, denn bei der Keltec bestehen Rahmen und Griffstück aus glasfaserverstärktem Nylon (Zytel) und Aluminium, nur Lauf und Verschluss aus Stahl 4041. Von der Größe her stellt die PMR 30 aber eine »*Fullsize*«-Pistole im Glock-17-Format dar. Sie arbeitet mit einem verzögerten Masseverschluss und besitzt zwei Auszieherkrallen, um das sichere Ausziehen der Hülsen zu gewährleisten. Zum Zerlegen der simpel aufgebauten Pistole benötigt man lediglich einen Durchschlag.

Kurzwaffen im Kaliber .22 Magnum zählen in den USA zu den beliebten Verteidigungswaffen. Sie entwickeln nur geringen Rückstoß, was auch ungeübten Schützen zu guten Treffern verhilft. Die großen Modelle haben eine hohe Feuerkraft und die kleinen Modelle wie der NRA-Revolver oder der High Standard »Derringer« lassen sich leicht verdeckt tragen. Die langläufigen *Single*- und *Double Action*-Revolver nutzen Jäger gern zur Kleinwildjagd, zumal die flach schießende .22 Magnum aus ihnen sehr präzise ist.

Doch was leistet die kleine Randfeuer-Magnum aus einer Kurzwaffe? Was bleibt übrig von der Magnum-Power? Wird die kleine Magnum aus einem Revolver oder einer Pistole verschossen, beeindruckt sie mit »giftigem« Knall und flammendem Mündungsfeuer. Das suggeriert hohe Leistung, doch man sollte nicht zu viel erwarten. RWS gibt für die Laborierung mit dem 2,6 g (40 grs) Hohlspitzgeschoss eine Mündungsgeschwindigkeit von 595 m/sek an, was einer Mündungsenergie von 460 Joule entspricht. Das würde sogar eine .38 Spezial deutlich übertreffen. Die .22 Magnum ist aber eine Schonzeitpatrone für Büchsen und die Leistungsangaben be-

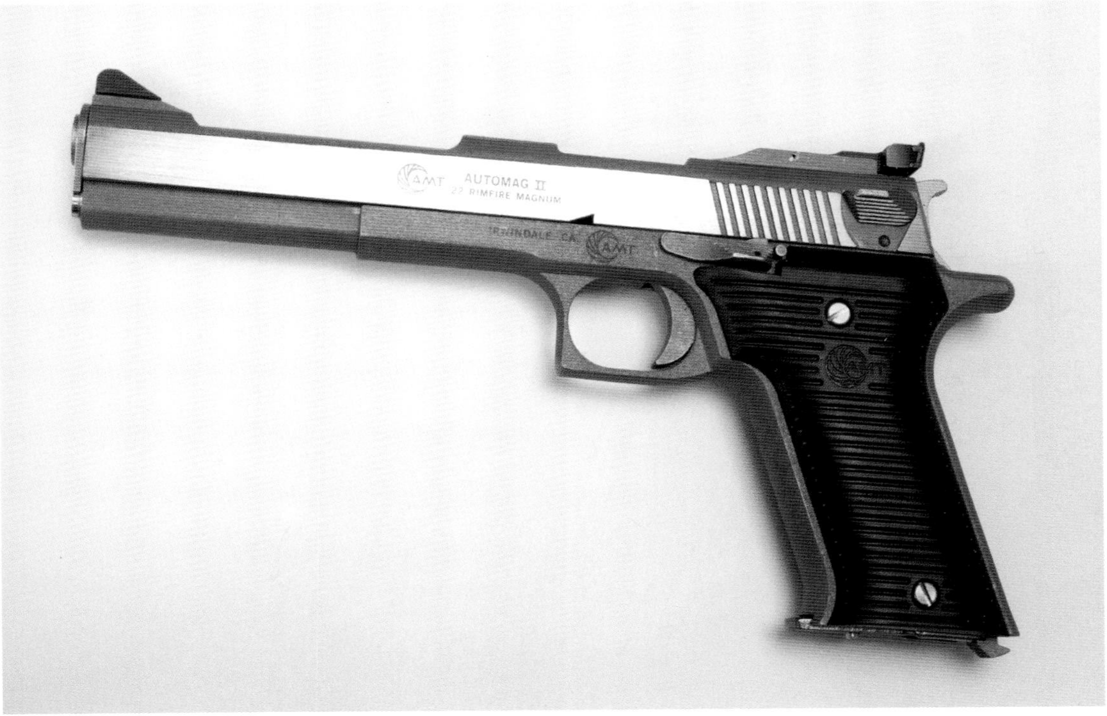

Automag II im Kaliber .22 WMR

ruhen auf einem Büchsenlauf. Um zu sehen, was davon aus einem Revolver übrig bleibt, verschoss der Autor die Patrone aus einem 4-Zoll-Smith & Wesson und maß die V_0. Die RWS kam auf 329 m/sek und damit 140 Joule Mündungsenergie. Das ist gerade mal die Hälfte der annoncierten V_0 und gut ein Drittel der angegebenen Mündungsenergie. Für Verteidigungszwecke trotzdem nicht übel, denn bei über 300 m/sek pilzt das Hohlspitzgeschoss noch zuverlässig auf. Noch besser werden wohl die neuen, speziell für die kurze Läufe von Faustfeuerwaffen ausgelegten .22-WMR-Patronen von Speer und Hornady abschneiden. Speer lädt die .22 Magnum mit einem 40-grs-Geschoss Gold Dot und Hornady mit einem 45-grs-Projektil FTX, beides bewährte Hohlspitzgeschosse für Kurzwaffen, die auch bei größeren Kalibern verwendet werden. Leistungsmäßig dürfte die .22 Magnum damit in etwa an eine .38 Special aus einem 2-Zoll-Revolver heran kommen oder an die 9 mm kurz aus einer Taschenpistole.

In Zusammenarbeit mit den Waffenherstellern Marlin und Ruger brachte Hornady die .17 Hornady Magnum Rimfire (HMR) im Jahr 2002 auf den Markt. Ausgelegt als Gewehrpatrone, brachte sie gut 25 % mehr Geschwindigkeit als die .22 Magnum, deren Hülse sie verwendet mit auf 4,8 mm eingezogenem Hals. Ziel der Entwicklung war es, die von 1970 bis 1974 hergestellte 5 mm Remington Rimfire Magnum zu übertreffen, die bis dahin die schnellste serienmäßig produzierte Randfeuer-Patrone darstellte. Die nur 1,1 g schweren Geschosse der .17 HMR entwickeln über 800 m/sek Mündungsgeschwindigkeit und die »schweren« 1,3-g-Geschosse immerhin

Ruger richtete den »Single Six« für die kleine .17er-Magnum ein.

noch 720 m/sek. Bei der Mündungsenergie kann die .17 HMR aber mit der .22 Magnum nicht mithalten, die liegt nur bei etwa 340 Joule. Die kleine .17er-Randfeuerpatrone wurde von Raubwildjägern gut aufgenommen, denn sie war präzise, besaß eine flache Flugbahn und war äußerst balgschonend. Im Erscheinungsjahr der .17 HMR brachte der brasilianische Waffenhersteller Taurus gleich einen Spannabzugs- Revolver für sie heraus. Der Taurus »Tracker« mit 6½-Zoll-Lauf war als Jagdrevolver auf Kleinwild gedacht. Die .17 HMR verlor aus dem Revolver weniger Leistung als zunächst vermutet. Von den 800 m/sek Fabrikangabe blieben aus dem 6½-Zoll-Lauf immerhin noch 610 m/sek übrig. Dies entspricht 205 Joule, und die würden der vorgeschriebenen Mindestenergie des deutschen Jagdgesetztes (200 Joule) für eine Kurzwaffen-Fangschusspatrone auf Schalenwild genügen. Von der Tiefenwirkung eines 1,1 g schweren .17er-Projektils sollte man aber nicht zu viel erwarten, zumal die Geschosse als schnell zerlegende Raubwildgeschosse ausgelegt sind.

Patronen .17 Hornady Magnum Rimfire (vergrößert)

Der »Tracker« bildete zwar den ersten .17-HMR-Revolver, blieb aber nicht lang allein. Ruger richtete den »Single Six« für die kleine Randfeuer-Magnum ein, Smith &Wesson brachte einen *Double Action*-Revolver heraus und Chiappa einen *Single Action*. Auch NAA zog nach und verpasste ihrem für die .22 Magnum eingerichteten Minirevolver ebenfalls einen .17er-Lauf. Eine .22-Magnum-Waffe auf .17 HMR umzubauen, stellt ja zumindest bei Revolvern kein Problem dar, da beide Pa-

Hornady hat eine .17er-Laborierung mit dem wirkungsvollen XTP-Geschoss im Programm.

tronen auf der gleichen Hülse aufbauen und lediglich der Lauf angepasst werden muss. Keltec hatte es da schon schwieriger, seine .22-Magnum-Pistole für die .17 HMR einzurichten, denn Flaschenhülsen sind in Selbstladepistolen bekanntlich nicht unproblematisch. Hin bekommen hat man es aber.

Kurzum: In Ländern, in denen die Jagd mit Kurzwaffen erlaubt ist, stellen präzise, rückstoßarme Jagdrevolver, die eine Patrone mit äußerst flacher Flugbahn wie die .17 HMR verschießen, für die Jagd auf Kleinwild eine gute Wahl dar. Außerdem führt man dann eine Waffe mit der kleinsten »Magnum«-Patrone.

.22 Remington Jet Magnum

Die .22 Remington Jet Magnum entstand in Zusammenarbeit von Remington und Smith & Wesson. Die Patrone stand ab 1959 zur Verfügung, Smith & Wesson lieferte den ersten Revolver dafür aber erst 1961 aus. Dieses Modell 53 blieb der einzige für diese Patrone eingerichtete Revolver; S&W produzierte ihn zehn Jahre lang bis 1971. Marlin richtete später den Unterhebelrepetierer Mod. 62 für die .22 Jet ein, H&R das Modell »Topper« und Thomson/Center baute eine Zeit lang Wechselläufe für die »Contender« in diesem Kaliber. Ausgangshülse der .22 Jet ist die Revolverpatrone .357 Magnum. Fabrikpatronen gibt es heute keine mehr. Remington gab für die Laborierung mit dem 40-grs-Teilmantelgeschoss die erstaunliche Mündungsgeschwindigkeit von 2460 fps, also 750 m/sek, aus dem 8⅜-Zoll-Lauf an. Um zu sehen, was die originalen Fabrikpatronen von Remington wirklich leisten, beschaffte sich der Verfasser eine Schachtel Originalpatronen mit 40-grs-Teilmantelgeschoss, das eine weit vorstehende, leicht abgeflachte Bleispitze aufweist. Ein so genanntes Varmint-Geschoss, das schnell anspricht und sich auf kürzere Distanzen völlig zerlegen dürfte. Aus dem 6-Zoll-Lauf der Testwaffe erreichte diese Laborierung eine Mündungsgeschwindigkeit (messbedingt V_5) von 570 m/sek. Auch aus dem längeren Lauf dürften 750 m/sek kaum zu erreichen gewesen sein. Aber auch so ist die .22 Remington

Das S&W-Modell 53 stellt den einzigen für die Patrone .22 Jet eingerichteten Revolver dar.

S&W lieferte das Modell 53 in der Regel mit einer Wechseltrommel im Kaliber .22 lfB aus.

Die Umstellung von Zentral- auf Randfeuer befindet sich im Hahn.

Jet eine rasante Revolverpatrone. Mit den heutigen modernen Pulvern lassen sich sogar etwas höhere Leistungen erzielen, wie eigene Ladeversuche zeigten. Aus einem 6-Zoll-Revolver verschossen ist die .22 Jet eine beeindruckende Patrone. Der Knall ist »giftig« und der Mündungsblitz gleißend hell. Dafür entspricht der Rückschlag nur einer .38 Special Wadcutter. Macht auf dem Schießstand auf die Nachbarschützen jede Menge Eindruck, schont aber das Handgelenk.

Der für die Patrone .22 Jet eingerichtete S&W-Revolver verfügt über zwei Schlagbolzen, einmal für die Zentralfeuerpatrone .22 Jet und einmal für die Randfeuerpatrone .22 lfB.

MADE IN U.S.A.
MARCAS REGISTRADAS
SMITH & WESSON
SPRINGFIELD, MASS.

Der Smith & Wesson Mod. 53

Die Jagd mit Faustfeuerwaffen hat in den USA eine lange Tradition und es gibt wohl kaum eine Wildart, die ein amerikanischer Jäger noch nicht mit einer Kurzwaffe erlegt hat. Um kleine Ziele auf größere Distanz zu erlegen, bringt eine flach schießende Patrone natürlich Vorteile. Es zeigte sich schnell, dass die leistungsmäßig interessanten Langwaffenpatronen, wie etwa .22 Hornet, sich nicht optimal für Kurzwaffen eigneten, denn sie erforderten bei Revolvern sehr lange Trommeln. Um vorhandene Rahmengrößen nutzen zu können, bestand also Bedarf an speziellen Patronen. Die .22 Remington Jet passte problemlos in die Trommel des S&W-K-Rahmens und ermöglichte es so, ohne großen Aufwand handliche und nicht zu teure Revolver für die US-amerikanischen Jäger zu bauen.

Bei Schloss und Rahmen des Mod. 53 gibt es nichts Besonderes. Hier findet sich altbewährte S&W-Technik, verpackt im mittelgroßen K-Rahmen. Das Modell 53 gab es in den Lauflängen 4, 6 und 8⅜ Zoll, wobei S&W recht schlanke Läufe mit kurzem Ausstoßergehäuse verbaute. Die bis zur Mündung reichenden, als Laufbeschwerung dienenden Ausstoßergehäuse waren damals noch nicht in Mode. Je länger der Lauf ausfällt, umso mehr Energieausbeute lässt sich erzielen, aber die Waffe wird dann schnell unhandlich. Die 6- und 8⅜-Zoll-Varianten erreichten die höchsten Verkaufszahlen. Sie erhielten den großen Sportgriff und die übliche, in Höhe und Seite verstellbare S&W-Mikrometervisierung. Als Korn diente ein breites Baughman-Rechteckkorn. Hahn und Abzug kamen in der breiten Sportausführung. Das Modell 53 ging in der Regel mit einer Wechseltrommel im Kaliber .22 ffB über den Ladentisch. Dies trug dem Wunsch vieler US-Jäger Rechnung, zu Übungszwecken oder bei der Jagd auf kleines Nutzwild die schwächere und preiswertere KK-Patrone einzusetzen. Es bestand auch die Möglichkeit, die .22-Jet-Trommel mit Adapterpatronen für die .22 lfB zu bestücken. Eine umständliche Angelegenheit, da die abgeschossenen Hülsen mühsam mit einem Ausstoßerwerkzeug wieder entfernt werden mussten. Auch die Präzision war längst nicht so gut wie aus der Wechseltrommel. Um Randfeuer- und Zentralfeuerpatronen aus einer Waffe verschießen zu können, musste natürlich eine Umstellung her. Dies löste S&W mit einem zweiten Schlagbolzen und einer Umstellung im Hahn. Im Stoßboden sind zwei Schlagbolzen eingesetzt und im Kopf des Hammers ein schwenkbares Schlagstück, das je nach gewählter Position den Schlagbolzen für Randfeuer oder Zentralfeuer trifft. Eine simple und funktionssichere Sache. Zum Trommelwechsel wird die vordere der drei Rahmenschrauben gelöst, wonach sich die Trommel samt Kran nach vorn abziehen lässt. Der Umbau dauert weniger als eine Minute. Beide Trommeln weisen die gleiche Länge auf.

Das Modell 53 zählt heute zu den gesuchten Waffen von S&W-Sammlern. Beim Erwerb muss man in Deutschland jedoch aufpassen, denn das deutsche Waffengesetz verbietet mehrschüssige Kurzwaffen für Zentralfeuermunition in Kalibern unter 6,3 mm, sofern der Antrieb der Geschosse nicht ausschließlich durch den Zündsatz erfolgt, und deren Baujahr nach dem 1. Januar 1970 liegt. Das Modell 53 wurde von 1961 bis 1971 produziert, so dass der Besitz der nach dem 1.1.1970 gebauten Modelle zumindest in Deutschland verboten ist. Vor einem Kauf also unbedingt den genauen Fertigungszeitpunkt klären.

.32 Harrington & Richardson Magnum

Das Revolverkaliber .32 hat in den USA eine lange Tradition, die bis in die Vorderladerzeit zurückreicht. Als erste Metallpatrone erschien die 1878 entwickelte, mit Schwarzpulver geladene .32 S&W Short. Zu Beginn des 20. Jahrhunderts folgte dann die .32 S&W Long mit Nitropulver, die zwar für kleine Taschenrevolver entwickelt wurde, aber dann

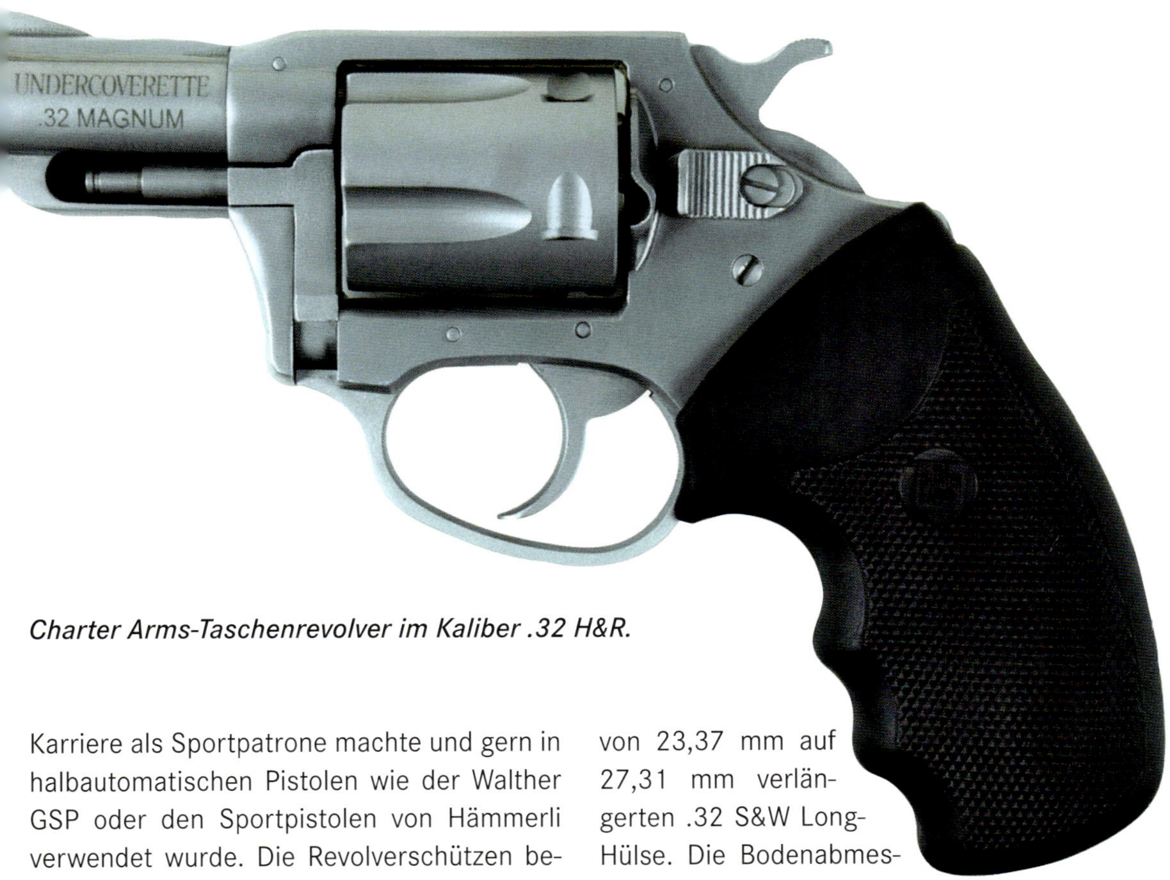

Charter Arms-Taschenrevolver im Kaliber .32 H&R.

Karriere als Sportpatrone machte und gern in halbautomatischen Pistolen wie der Walther GSP oder den Sportpistolen von Hämmerli verwendet wurde. Die Revolverschützen bevorzugten den ab 1947 gebauten Smith & Wesson »Masterpiece« in diesem Kaliber. Als Verteidigungspatrone war die .32 S&W Long hingegen kaum gefragt, ihre Leistung war einfach zu gering und lag deutlich unter der zu dieser Zeit bevorzugten .38 Special.

1984 entwickelte der US-Revolverhersteller Harrington & Richardson in Zusammenarbeit mit der Munitionsfirma Federal eine neue .32er-Revolverpatrone auf Basis einer von 23,37 mm auf 27,31 mm verlängerten .32 S&W Long-Hülse. Die Bodenabmessungen blieben gleich. Ziel der Entwicklung war eine .32er-Patrone mit der Leistung der .38 Special, die sich in den auf 5 Patronen ausgelegten Trommeln der kleinen Taschenrevolver – nun erweitert auf 6 Patronen – unterbringen ließ. Der Gasdruck wurde gegenüber der auf 1000 bar ausgelegten.32 S&W Long auf 1400 bar erhöht. H&R richtete seine Taschenrevolver-Modelle 504, 532 und 596 für die neue Patrone ein. Aus

.32 H&R im Vergleich zur .32 S&W Long.

»Derringer« in .32 H&R von Bond Arms.

ihnen ließ sich auch die kürzere .32 S&W Long verschießen, analog zu den .357ern, die auch die .38 Special aufnehmen. Federal gibt für die Laborierung mit 85-grs-Hohlspitzgeschoss eine Mündungsgeschwindigkeit von 341 m/sek und damit eine Mündungsenergie von 320 Joule an. Das Entwicklungsziel, die Leistung der .38 Special zu toppen, wurde also erreicht, wobei die Durchschlagskraft aufgrund des kleineren Geschossdurchmessers etwas höher ausfallen dürfte. Neben H&R richtete die Firma Charter Arms ihr Modell »Police Undercover« für die .32 H&R Magnum ein, Ruger den *Single Action*-Revolver »Single Six« sowie das *Double Action*-Modell SP 101. Natürlich bot auch Thompson/ Center einen »Contender«-Lauf in .32 H&R Magnum an. 1989 folgte Smith & Wesson mit dem Modell 16 »Masterpiece« und auch die kleinen Taschenrevolver richtete die Firma für die .32er-Magnumpatrone von H&R ein. Freunde fand auch der kleine doppelläufige Bond Arms-»Derringer«, der oft der Ausführung in .38 Special vorgezogen wurde. Seitdem ist es sehr ruhig um die .32 H&R Magnum geworden. Smith & Wesson stellte die Fertigung des »Masterpiece« bereits 1992 wieder ein. In Deutschland sind Revolver in diesem Kaliber eher Mangelware, auch wenn es weitere Waffen in diesem Kaliber gibt. Ruger etwa baut den »Single Six« immer noch in .32 H&R Magnum. Fabrikpatronen gibt es noch von Federal und von Hornady. Hornady bietet u. a. eine moderne Verteidigungs-Laborierung mit 80-grs-FTX-Geschoss an, die bei 351 m/sek Mündungsgeschwindigkeit eine Mündungsenergie von 319 Joule liefert. Die Zusatzbezeichnung »Magnum« für diese Patrone aber wirkt bei näherer Betrachtung der Leistung ziemlich ambitioniert. Sie ist wohl hauptsächlich so zu verstehen, dass sie als .32er-Revolverpatrone mehr Leistung bot als bislang angebotene Patronen dieses Kalibers. Diese Stellung hat sie spätestens mit dem Erscheinen der .327 Federal Magnum im Jahre 2008 wieder verloren.

.327 Federal Magnum

Im Jahr 2007 startete Federal den Versuch, die Leistung der .32 H&R Magnum zu verbessern; 2008 stellte die Firma die neue .327 Federal Magnum vor. Sollte die .32 H&R Magnum einst die Leistung der .38 Special in einem .32er-Kaliber erreichen, setzte sich Federal mit der neuen .327 Federal Magnum das ehrgeizige Ziel, sich der .357 Magnum anzunähern. Die Hülse wurde dazu noch einmal auf insgesamt 30 mm verlängert. Der tatsächliche Geschossdurchmesser beträgt 0,312 Zoll und nicht etwa .327, wie die Patronenbezeichnung vermuten lässt. Die .327 Federal Magnum verwendet also vom Grundsatz her die gleichen Geschosse wie die .32

Die .327 Federal Magnum kommt fast an die Leistung einer .357 Magnum heran, benötigt dazu aber einen deutlich höheren Gasdruck.

Für die .327er-Magnum wurden gern handliche Revolver eingerichtet, wie dieser Ruger SP 101.

H&R Magnum und die .32 S&W Long. Weshalb Federal die Patrone ».327 Magnum« taufte ist unklar, vermutlich weil es ähnlich klingt wie ».357 Magnum«. Die längere Hülse schafft natürlich mehr Pulverraum. Um aber an die .357 Magnum heran zu kommen, musste der Gasdruck beträchtlich erhöht werden; und genau das tat Federal - und zwar reichlich. Wies die .32 H&R Magnum 1400 bar und die .357 Magnum 3000 bar Gasdruck auf, so arbeitet die .327 Federal Magnum mit 3100 bar. Im Vergleich zur .32 H&R Magnum wurde der Gasdruck also mehr als ver-

Revolver von Charter Arms im Kaliber .327 Federal Magnum.

Single Action-Ruger »Blackhawk« in .327 Federal Magnum.

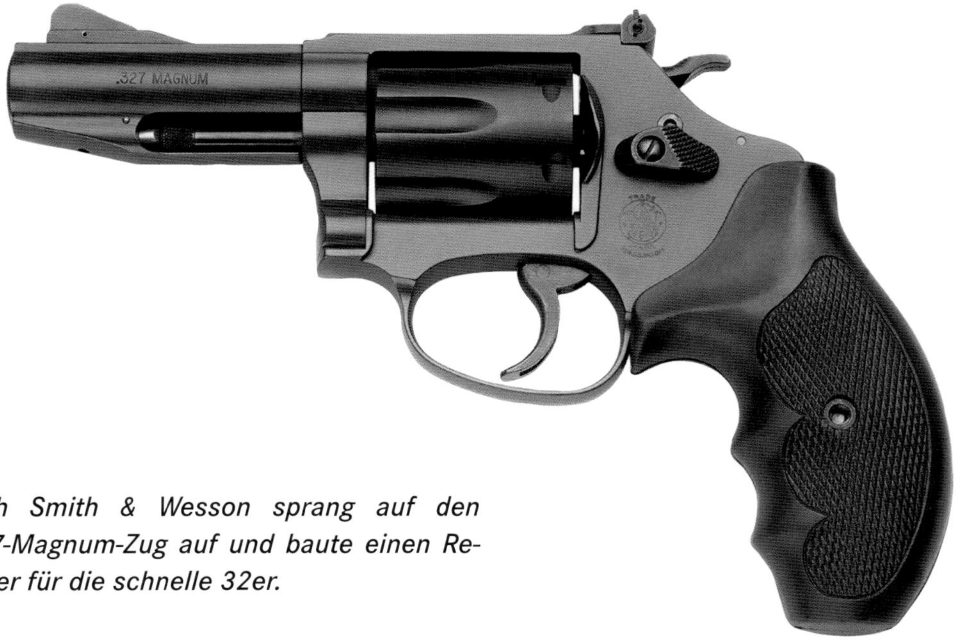

Auch Smith & Wesson sprang auf den .327-Magnum-Zug auf und baute einen Revolver für die schnelle 32er.

doppelt. Was den Gasdruck betrifft, kann man hier also getrost von »Magnum« sprechen.

Auch die Leistung kann sich sehen lassen, zumal die .327 Federal Magnum als Patrone für kurzläufige Revolver konzipiert wurde. Einen 4-Zoll-Revolverlauf verlässt das 100-grs-Geschoss der Federal-Fabrikpatrone mit 457 m/sek, was 677 Joule entspricht. Ein .357-Magnum-Revolver mit 4-Zoll-Lauf bringt es mit einem 125-grs-Geschoss auf 441 m/sek. und 790 Joule. So ganz wird die Leistung also nicht erreicht. Dafür hat die .327 Federal Magnum den Vorteil, sich deutlich rückstoßärmer zu schießen und noch eine Patrone mehr in der Trommel zu haben. Auch die Durchschlagskraft des .32er-Geschosses verdient Respekt.

Die neue 32er-Patrone erregte in den USA viel Aufsehen; bekannte Hersteller wie Ruger, Smith & Wesson, Freedom Arms, Charter Arms und Taurus richteten Waffen dafür ein. Hauptsächlich handliche Verteidigungsrevolver wie die Ruger-Modelle SP 101 und LCR. Bond Arms steuerte einen »Derringer« in .327 Federal Magnum bei. Die Waffen verdanken ihre Beliebtheit u. a. der Tatsache, dass sie sich deutlich angenehmer schießen als .357-Magnum-Revolver dieser Gewichtsklasse. Besonders Frauen schätzen die .32er-Magnumpatrone in einem Verteidigungsrevolver daher sehr. Aus einem Revolver .327 Federal Magnum lassen sich natürlich auch alle anderen .32er-Revolverpatronen mit kürzeren Hülsen verschießen. Die .327 Federal Magnum stellt derzeit die leistungsstärkste .32er-Kurzwaffenpatrone dar und ihr Zusatz »Magnum« ist wirklich gerechtfertigt. Ein Wermutstropfen ist die nicht gerade üppige Munitionsauswahl.

.357 Maximum

Die Patrone .357 Maximum wurde als verlängerte .357 Magnum für das Metall-Silhouetten-Schießen entwickelt. Als die 1975 in den USA gegründete *Handgun Metallic Silhouette Association* (IHMSA) ein Jahr später ihren ersten großen Wettkampf austrug, zeigte sich schnell, dass die .357 Magnum auch aus langläufigen Silhouetten-Revolvern nicht in der Lage war, auf größere Entfernungen (geschossen wird auf 50, 100, 150 und 200 yards) den schweren Stahlwidder zuverlässig zu Fall zu bringen. Auch bei guten Treffern wippte das Ziel nur, fiel aber nicht, was die Voraussetzung für einen Wertungstreffer darstellt. Der bekannte Silhouetten-Schütze Elgin Gates verlängerte die .357 Magnumhülse um 8 mm, um mehr Treibladung unterzubringen und so mehr Leistung zu generieren. Diese »Wildcat«-Patrone .357 Super Magnum etablierte sich schnell und 1983 brachte Munitionshersteller Remington in Zusammenarbeit mit Ruger die Patrone in einer standardisierten Version als .357 Remington Maximum heraus. Die CIP-Liste führt sie jedoch nur als .357 Maximum auf. Zeitgleich mit der neuen Patrone stellte Ruger den dazu passenden Revolver vor: das speziell für das Silhouetten-Schießen gedachte *Single Action*-Modell »New Blackhawk« mit 10½-Zoll-Lauf. Nur ein Jahr später (1984) folgte Dan Wesson, indem die Firma ihren Wechsellauf-fähigen *Double Action*-Revolver für die .357 Maximum einrichtete. Die Firma United Sporting Arms in Tucson präsentierte kurz darauf ihr *Single Action*-Modell »Seville« aus Stainless-Steel in diesem Kaliber, und natürlich fertigte auch Thompson/Center für die einschüssige Kipplauf-»Contender« einen .357-Maximum-Lauf. Nicht nur Silhouetten-Schützen, sondern auch Jäger interessierten sich für die leistungsstarke Patrone. Es zeigte sich aber bald, dass dieser Leistungszuwachs zur .357 Magnum auch Nachteile brachte – und zwar gravierende. Schnell traten bei Revolvern Probleme auf, da die am Trommelspalt austretenden heißen Pulvergase tiefe Rillen in den Rahmen oberhalb des Laufansatzes brannten. Die von amerikanischen Schützen als »*Frame cutting*« bezeichneten Beschädigungen – deutsche Schützen sprechen von »Magnumrillen« – sorgten für ein schnelles Ende der fabrikmäßig hergestellten Revolver. Ruger stellte die Fertigung des »New Blackhawk« Kaliber .357 Maximum bereits nach einigen tausend Exemplaren wieder ein. Lediglich die »Contender«-Pistole, die per se keine Probleme mit ausbrennendem Rahmen kennt, stellte weiterhin eine beliebte Waffe für die starke .357er dar.

Die .357 Maximum ist eine verlängerte .357 Magnum.

Des Weiteren entstanden Custom-Revolver und die Firma Bond Arms kam auf »die tolle Idee«, zwei »Derringer«-Modelle, den »Cowboy Defender« und den »Texas Defender«, für die .357 Maxiumum einzurichten. Diese Pat-

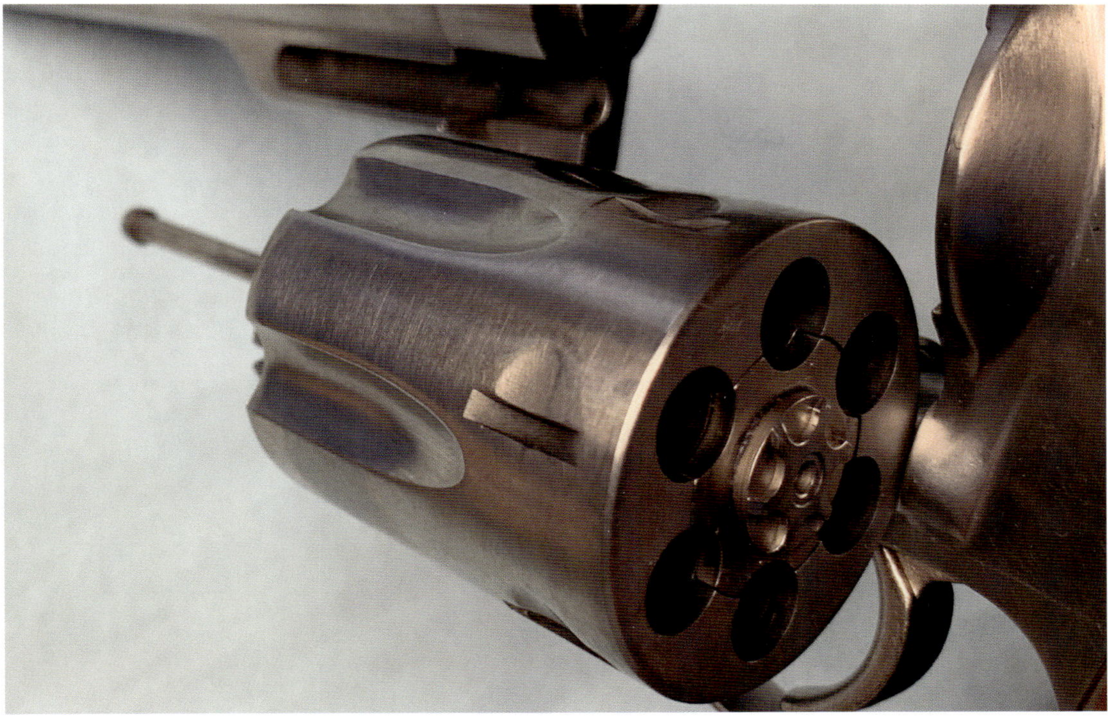

Die Patrone .357 Maximum benötigt eine sehr lange Trommel.

rone aus einem 3-Zoll-Lauf zu verschießen, ist im Hinblick auf die erzielbare Leistung sinnlos, vom Rückstoß ganz zu schweigen.
Aus einer für die .357 Maximum eingerichteten Waffe lassen sich freilich auch Patronen .357 Magnum verschießen, zumal lediglich die Hülse von 32,77 auf 40,77 mm verlängert wurde, alle anderen Hülsenmaße blieben gleich. Die .357 Maximum erbringt einen um 100 bar höheren zulässigen Maximalgasdruck als die .357 Magnum (3100 bar zu 3000 bar). Die Verwendung von .357-Magnum-Patronen bringt aber auch Nachteile, da es bei höheren Schusszahlen zu Ausbrennungen der vorderen 8 mm der Trommelbohrung oder des Patronenlagers bei einschüssigen Pistolen kommt. Heute stellt die .357 Maximum eine reine Wiederlade-Angelegenheit dar, denn Remington hat die Fertigung der Patrone eingestellt. In den USA gibt es zwar noch einige Kleinhersteller für die .357 Maximum, aber in Europa sind diese Patronen mangels CIP-Zulassung nicht erhältlich.
Die ursprünglichen Remington-Laborierungen bildeten Teilmantel-Hohlspitzgeschosse mit 158 grs und 180 grs. Die V_0 für das 158-grs-Geschoss gab Remington mit 556 m/sek an, was einer Mündungsenergie von 1583 Joule entspricht. Beim 180-grs-Geschoss waren es 474 m/sek und 1310 Joule. Die Länge des Testlaufes entsprach mit 10½ Zoll der des Ruger »New Blackhawk«.
Das Wiederladen der .357 Maximum stellt aber kein Problem dar. Neue Hülsen sind von Starline erhältlich und zum Laden reicht ein Matrizensatz .357 Magnum. Es müssen ledig-

lich die Matrizen 8 mm höher justiert werden. .357er-Geschosse gibt es in reicher Auswahl. Die .357-Maximum-Hülsen weisen die üblichen Zündglocken für die kleinen Zündhütchen auf. Um die erhebliche Ladung progressivem Pistolenpulvers sicher und schnell zu zünden, kann es vorteilhaft sein, an Stelle der Small Pistol- die stärkeren Small Rifle-Zündhütchen zu verwenden.

Heute wird die .357 Maximum hauptsächlich aus der »Contender«-Pistole verschossen. Dafür eingerichtete Revolver gelten meist als Sammlerstücke und werden kaum geschossen. In einer langläufigen, einschüssigen Kipplaufpistole stellt die Patrone, die gut 30 % mehr Leistung als die .357 Magnum erbringt, aber noch immer eine gute Wahl für weite Präzisionsschüsse dar.

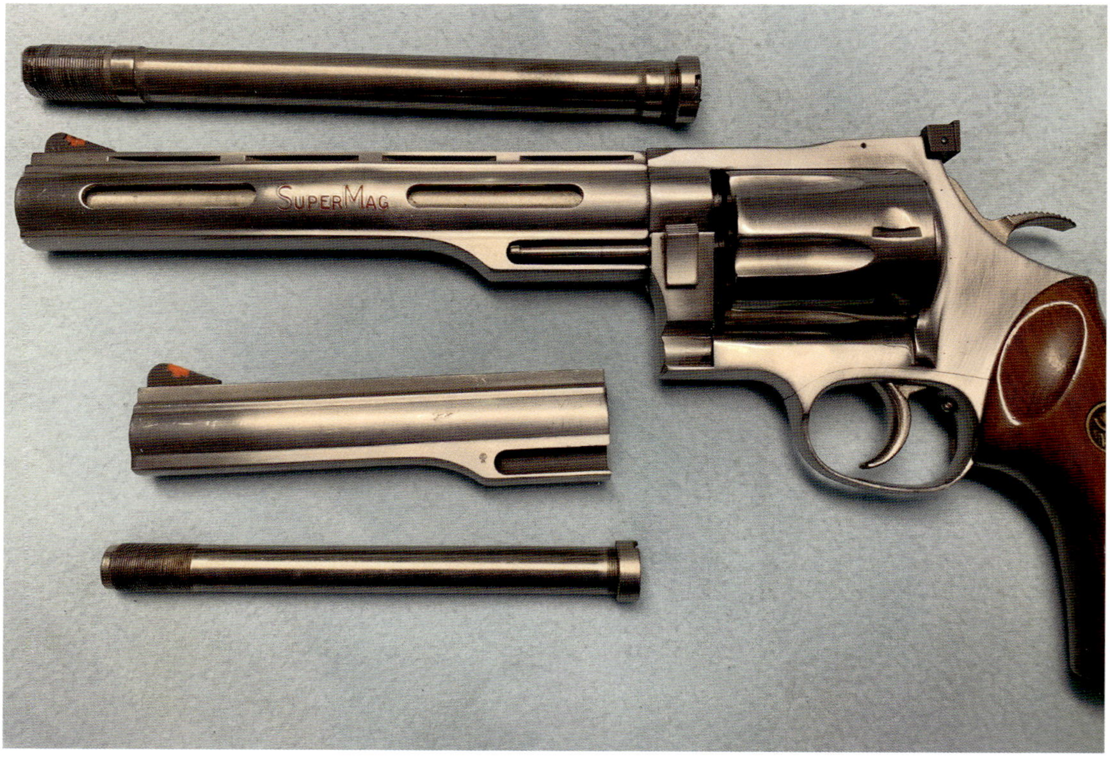

Dan Wesson richtete seinen Wechsellauf-fähigen Double Action-Revolver für die .357 Maximum ein.

.360 Dan Wesson

Als Smith & Wesson 1935 die .357 Magnum herausbrachte, verwendete diese die gleiche Trommellänge wie die .44 Special. Schwere Geschosse mit einem Gewicht von über 158 grs ließen sich nicht laden, ohne den Pulverraum der Hülse drastisch zu verringern. Das änderte sich erst mit den großen N-Rahmen.

Die Hülsenlänge der .360 Dan Wesson (Mitte) liegt zwischen der .357 Magnum und der .357 Maximum.

Als dann die .357 Maximum erschien, waren auch diese Trommel und der Rahmen wieder zu kurz. Firmen wie Ruger und Dan Wesson brachten daher Waffen heraus, die auch die lange .357 Maximum aufnehmen konnten. Sie dienten hauptsächlich zum Silhouettenschießen, aber es zeigten sich schnell Probleme mit der Haltbarkeit der Revolverrahmen, außerdem fielen die Waffen groß und schwer aus. Genau hier setzt die Patrone .360 Dan Wesson an. Ihre Hülse liegt zwischen der .357 Magnum und der .357 Maximum und nutzt die volle Trommellänge eines modernen Magnumrevolvers mit großem Rahmen, ohne aber einen überlangen Rahmen zu benötigen. Die .357-Magnum-Hülse verlängerte Dan Wesson von 1,285 Zoll auf 1,415 Zoll. Damit passte sie in die üblichen .357er-Revolver, erbrachte aber eine höhere Leistung als die .357 Magnum und beanspruchte die Waffe dabei deutlich weniger. Einen 7½-Zoll-Revolver verlässt ein 158-grs-Geschoss mit 460 m/sek und damit 1090 Joule. Ein schweres 180-grs-Projektil erreicht 410 m/sek Mündungsgeschwindigkeit und 985 Joule Mündungsenergie. Die .360 Dan Wesson steigert damit die Leistung der .357 Magnum deutlich, ohne aber eine größeren, schweren Revolver zu benötigen, zudem schießt sie sich deutlich angenehmer als die .357 Maximum. Das Wiederladen der .360 Dan Wesson fällt auch leicht, denn dafür reicht ein Matrizensatz .357 Magnum aus, und ein Revolver lässt sich durch einfaches Aufreiben der Trommelkammern für die .360 Dan Wesson einrichten. Hülsen liefert Starline. Eine sehr interessante Patrone, die mangels Fabrikmunition leider ein Schattendasein fristet.

9 mm Winchester Magnum

Die Patrone 9 mm Winchester Magnum entwickelte die Firma Winchester 1978 für den Waffenhersteller Wildey mit dem Ziel, die Leistung der Revolverpatrone .357 Magnum auch aus einer Selbstladepistole zu gewinnen. Im Prinzip stellt die 9 mm Winchester Magnum eine auf 29 mm Hülsenlänge gestreckte Patrone 9 mm x 19 Luger (9 mm Para) dar. Sie verwendet die gleichen .355er-Geschosse wie die 9 x 19 und kommt auf eine Gesamtlänge von 40 mm. Der Höchstgasdruck wurde auf 3100 bar festgesetzt. Wildey richtete seine Selbstladepistole dafür ein, die das Entwicklungsziel damit durchaus erreichte. Das 115-grs-Geschoss brachte es auf eine Mündungsgeschwindigkeit von 440 m/sek und damit 728 Joule. Das entspricht in etwa der Leistung eines .357er-Revolvers mit 4-Zoll-Lauf. Ein Erfolg war die Patrone trotzdem nicht. Außer der Wildey wurde nur noch die Automag III in diesem Kaliber gebaut. Grund war die große Patronenlänge, die extrem große Griffstücke erforderlich machte. Eine bestehende Serienwaffe dafür einzurichten, war kaum möglich und der Griff einer Wildey oder Automag verlangt schon ziemlich große Hände zum sicheren Greifen. Weder von der Wildey noch von der Automag III wurden nennenswerte Stückzahlen im Kaliber 9 mm Winchester Magnum gebaut. Überflüssig zu erwähnen, dass auch Thompson/Center »Contender«-Läufe in 9 mm Winchester Magnum anbot.

Die Patrone ist heute eine reine Wiederlade-Angelegenheit. Hülsen werden immer noch von Starline gefertigt, sie lassen sich aber auch aus Gewehrhülsen .233 Remington gewinnen. Dabei ist aber die ziemlich dicke Hülsenwand im Bereich des Geschosses etwas problematisch, die keinen Crimp zulässt. Starline-Hülsen stellen die bessere und einfachere Wahl dar. Von der Leistung her braucht man der 9 mm Winchester Magnum auch nicht nachzuweinen: die .357 SIG bringt eine identische V_0, fällt durch ihre Flaschenhülse aber deutlich kürzer aus und lässt sich problemlos in den üblichen Griffstückgrößen unterbringen.

Die Patrone 9 mm Winchester Magnum stellt eine auf 29 mm Hülsenlänge gestreckte 9 x 19 Luger dar.

Wildey-Selbstladepistole. Ihr Griffstück fiel groß genug für die lange 9 mm Winchester Magnum aus.

Die Automag III war die einzige weitere Pistole, die für die 9 mm Win. Mag. eingerichtet wurde.

.41 Remington Magnum

1964 brachte Remington die Patrone .41 Remington Magnum auf den Markt. Sie sollte die Lücke zwischen der .357 Magnum und der .44 Magnum schließen. Behörden nahmen die für Polizeibeamte gedachte größere Schwester .44 Magnum kaum an, da der starke Rückstoß eine schnelle Schussfolge nicht zuließ und der dazu gehörende S&W-Revolver Modell 29 (siehe unten) den meisten Polizisten zu groß und schwer war. An der Entwicklung der .41 Magnum hatten sich die Munitionsexperten Elmer Keith und Bill Jordan beteiligt, unterstützt von Skeeter Skelton. Elmer Keith hatte bereits 1955 mit der .41 Special eine Wildcat-Patrone geschaffen, die aber nie kommerziell gefertigt wurde, zumal damals die .44 Magnum im Fokus stand. Die .357 Magnum galt als nicht genügend leistungsstark, was aber auch mit den damals benutzen Bleigeschossen zusammenhing. Brauchbare Teilmantelgeschosse mit entsprechender Zielballistik gab es noch nicht. Die .44 Magnum lieferte reichlich Leistung, war aber eher eine Patrone für die Jagd als für den Polizeigebrauch. Elmer Keiths ursprünglicher Entwurf sah für die .41 Magnum zwei Laborierungen mit unterschiedlicher Leistung vor. Eine Jagdpatrone, die das Leistungspotential der .41 Magnum voll ausschöpfte, und eine Polizeilaborierung mit reduzierter Leistung. Die *Full House*-Magnumladung sollte ein 210-grs-Hohlspitzgeschoss auf 450 m/sek beschleu-

Die .41 Remington Magnum sollte die Lücke zwischen der .357 Magnum und der .44 Magnum schließen.

Das Revolvermodell 57 brachte Smith & Wesson gleichzeitig mit der .41 Magnum auf den Markt.

Der S&W Modell 58 mit schwerem Bull Barrel-Lauf und fester Visierung bildete die preisgünstigere Ausführung des Modell 57.

Langläufige .41-Magnum-Revolver wurden und werden gern zum Silhouettenschießen eingesetzt.

nigen; die Polizeipatrone ein 200-grs-*Semi-Wadcutter*-Geschoss auf 275 m/sek. Man folgte diesen Plänen aber nicht. Auch die von Elmer Keith ursprünglich vorgeschlagene Bezeichnung ».41 Police« fand keine Zustimmung, Remington nannte die neue Patrone .41 Remington Magnum. Das große Magnumfieber war allenthalben ausgebrochen und die Firma wollte davon profitieren. Dieser Schuss ging aber in diesem Fall nach hinten los. Neben der voll ausgereizten Laborierung gab es zwar eine leistungsreduzierte Polizeipatrone, die aber das 210-grs-*Semi-Wadcutter*-Geschoss auf 350 m/sek brachte und damit nur etwas schwächer geladen war. Die meisten Polizeibeamten, die bisher .38-Special- Revolver geführt hatten, kamen mit der .41er-Laborierung ebenso wenig zu recht wie mit der .44 Magnum. Ein noch größeres Handicap war stellte der Revolver an sich dar. Smith & Wesson hatte einfach den großrahmigen .44-Magnum-Revolver (Modell 29) für die .41 Magnum eingerichtet, ohne auf die Gewichts- und Größenkritiken der Polizeibehörden einzugehen. Dazu war die Waffe - Modell 57 genannt - auch noch recht teuer. Sie kam gleichzeitig mit der .41 Magnum auf den Markt. Am 10. Juli 1964 brachte S&W dann mit dem Modell 58 einen einfacheren und kostengünstigeren .41-Magnum-Revolver mit dickem 4-Zoll-Lauf und Festvisier speziell für Polizeibehörden heraus. Optisch orientierte er sich am bei der Polizei beliebten S&W Modell 10 »Heavy Barrel« im Kaliber .38 Special. Zum Produktionsbeginn erschien das Modell 58 mit der gleichen Hochglanzoberfläche wie das Modell 57, was Smith & Wesson aber schnell zugunsten einer preisgünstigeren mattierten Oberfläche aufgab. Eine ähnliche Entwicklung hatte es zuvor bei der .357 Magnum gegeben, bei der aus dem zivilen Modell 27 die Polizeiversion 28 »Highway Patrolman« entstanden war. Das Modell 58 war zwar etwas handlicher als das Modell 57, wog aber immer noch stolze 1160 g, was vielen Polizisten für das tägliche Führen zu schwer war. Auf eine Karriere bei der Polizei mussten daher Revolver und Patrone .41 Magnum verzichten. Nur wenige Polizeibehörden, etwa von Amarillo, San Antonio oder San Francisco, führten das Modell 58 ein. Hier schien sich auch die Zusatzbezeichnung »Magnum« der Patrone negativ auszuwirken, denn zu dieser Zeit hatten viele Städte Probleme mit der öffentlichen Wahrnehmung ihrer Polizei und betrieben Öffentlichkeitsarbeit, um deren

S&W-Modell »Airlite«, ein moderner leichter Revolver im Kaliber .41 Magnum.

»Image« aufzupolieren. Eine neue Polizeipatrone mit der Bezeichnung »Magnum« wäre da wenig förderlich gewesen.
Smith & Wesson stellte das Modell 58 von 1964 bis 1977 in einer Stückzahl von rund 20.000 Stück her. 2008 wurde es erneut aufgelegt, sowohl brüniert als auch vernickelt. Das zivile Modell 57 fertigte S&W von 1964 bis 1993, stellte es dann ein und legte es 2019 wieder auf, zumal sich die .41 Magnum auf dem Zivilmarkt weitaus größerer Beliebtheit erfreute als bei Behörden. Scheibenschützen und Jäger schätzten das präzise S&W Modell 57. Auch unter Silhouettenschützen fand es rasch Freunde, zumal die .41 Magnum eine flachere Flugbahn als die .44 Magnum aufwies und mehr Energie lieferte als eine .357 Magnum. Hier war die Patrone genau in ihrem Element.

Auch Ruger erkannte das Potenzial der .41 Magnum und richtete bereits Mitte der 1960er-Jahre den *Single Action*-Revolver »Blackhawk« dafür ein, der gut auf dem Markt ankam. Auch als Pistolenpatrone fand die schnelle .41er Verwendung, und zwar in der »Desert Eagle« Mod. VII der Firma Magnum Research.
Die .41 Magnum genoss zwar nie die Popularität der .357 Magnum oder der .44 Magnum, erfreut sich aber nach wie vor einer treuen Anhängerschaft, die die flach schießende und präzise Patrone schätzt. Auch moderne *Double Action*-Revolver werden wieder dafür eingerichtet, wobei Smith & Wesson eine führende Rolle einnimmt. Mit den heute erhältlichen Hohlspitz-Verbundkerngeschossen stellt die .41 Magnum ohne Frage eine sehr leistungsfähige Revolverpatrone dar.

.44 Remington Magnum

Die .357 Remington Magnum war zwar die erste Serien-Magnum-Revolverpatrone, aber die .44 Magnum stellt zweifellos die bekannteste Vertreterin der Magnum-Gattung von Kurzwaffen dar. Um sie ranken sich zahlreiche Geschichten und Legenden, zumal sie lange Zeit die stärkste fabrikgeladene Kurzwaffenpatrone der Welt bildete. Auf den Markt kam sie 1956 als Ergebnis einer gemeinsamen Entwicklung des Waffenautors und Enthusiasten Elmer Keith, des Waffenherstellers Smith & Wesson und des Munitionsherstellers Remington Arms Company.

Als geistiger Vater der .44 Magnum gilt Elmer Keith (1899–1984), der jahrelang mit »heißen« Ladungen der .44 Special experimentiert hatte, um die Leistung für die Jagd mit Handfeuerwaffen zu steigern. Keith zog die

Die .44 Magnum ist der Inbegriff der Magnumpatronen.

.44 Special der .45 Long Colt vor, weil es im Kaliber .44 mehr geeignete Geschosse gab und die Wandung der .44er- dicker ausfiel als die der .45er-Hülse. Die damaligen Revolver besaßen auch im Kaliber .44 etwas stärkere Trommelwandungen als die für die .45 LC eingerichteten. Das verringerte die Gefahr einer geplatzten Trommel, was bei den Experimentalladungen Keiths immer gegeben war. Keith überzeugte Smith & Wesson von den Marktchancen einer neuen leistungsstarken .44er-Patrone. Des Weiteren holte S&W zur Fertigung der Munition Remington mit ins Boot. Die .44 Remington Magnum stellt eine um 3,18 mm verlängerte .44 Special dar. Die Verlängerung der Hülse war nicht zwingend notwendig, um mehr Platz für Treibladungspulver zu bekommen. Aber man wollte verhindern, dass die neuen leistungsstarken .44er-Patronen aus alten .44-Special-Revolvern verschossen wurden. Die .44 Magnum weist einen Höchstgasdruck von 2800 bar auf, während die .44 Special lediglich für 1000 bar ausgelegt ist. Hier wiederholte sich also das Gleiche, was auch bei den Patronen .38 Special und .357 Magnum geschehen war: um Verwechselungen auszuschließen, wurde die Hülse verlängert. Aus einem .44-Magnum-Revolver lassen sich somit problemlos die schwächeren .44-Special-Patronen verschießen, umgekehrt aber nicht.

Das Smith & Wesson Modell 29 im Kaliber .44 Magnum machten nicht zuletzt zahlreiche Hollywood-Filme bekannt. Hier ein nach Kundenwünschen graviertes und mit edlen Griffschalen geschmücktes Exemplar.

Ruger »Super Blackhawk« im Kaliber .44 Magnum.

Den Prototyp des ersten Revolvers erhielt Elmer Keith von Smith & Wesson im Dezember 1955; die Firma stellte das neue Modell 29 im folgenden Jahr 1956 offiziell vor. Um die erste Waffe in diesem Kaliber gab es noch ein kleines Wettrennen mit Ruger. Angeblich fand ein Mitarbeiter von Ruger auf einem Schrottplatz Hülsen mit dem Bodenstempel ».44 Rem. Mag.«. Bei Sturm, Ruger & Co in Connecticut folgerte man daraus, dass die Konkurrenz an einer Waffe in einem neuen, leistungsstarken Kaliber arbeitete. Ruger entwarf daher schnell den heute legendären *Single Action*-Revolver .44 Magnum »Blackhawk« und schaffte es, ihn kurz vor der offiziellen Markteinführung des S&W Modell 29 heraus zu bringen. Der »Blackhawk« erwies sich als ein voller Erfolg, nicht zuletzt, weil ihn Ruger preisgünstiger anbot als Smith & Wesson sein Spannabzugs-Modell 29. Ruger produzierte den »Blackhawk« gleich in großen Stückzahlen, während S&W mit der Fertigung des Modells 29 kaum nachkam. Auch dieses entpuppte sich als großer Erfolg: 1956 fertigte S&W 3100 Revolver des Typs, die trotz des damals hohen Preises von 140 US-Dollar im Nu vergriffen waren. Schützen und Jäger in den USA nahmen die .44 Remington Magnum begeistert auf. Ihre Leistung war für die damalige Zeit gewaltig. Das 240-grs-Geschoss der Standard-Laborierung verließ den 6½-Zoll-Lauf des Smith & Wesson Mod. 29 mit 448 m/sek, was einer Mündungsenergie von 1570 Joule entsprach. Um die .44 Magnum rankten sich bald zahlreiche Geschichten und Elmer Keith trug viel zum Ruhm »seiner« Patrone bei. Er arbeitete hauptsächlich als Jagdführer auf nordamerikanisches Wild, wie Elch, Bär, Wapiti oder Weißwedelhirsch. Als einer seiner Klienten einen kapitalen Weißwedelhirsch mit einem Äserschuss nur anschoss, erlegte Elmer Keith, der keine Büchse führte, den Hirsch mit einem Nachschuss aus seinem .44-Magnum-Revolver. Die Schussentfernung soll dabei über 500 m betragen haben. Als Jagdpatrone war die starke Magnum in ihrem Element. Es gibt wohl kaum eine Wildart, die Jäger damit nicht erlegten, einschließlich stärkstes Großwild wie Kaffernbüffel und Elefant. Viele .44er-Jagdgeschichten wurden in den amerikanischen Jagdzeit-

.44-Magnum-Revolver des deutschen Herstellers Janz.

Elmer Keith

Die US-amerikanische Schusswaffen-Legende Elmer Keith (1899–1984) spielte eine bedeutende Rolle bei der Entwicklung der Patronen .357 Magnum, .41 Magnum und .44 Magnum. Keith experimentierte mit bestehenden Patronensorten, um höhere Geschwindigkeiten und mehr Leistung zu erzielen, was direkt zur Entwicklung der modernen Magnum-Patronen führte. Er war ein begeisterter Handfeuerwaffen-Jäger, der auch Großwild mit Revolvern bejagte. Er arbeitete für Waffenzeitschriften wie *Gun Magazine* und schrieb zahlreiche Bücher über Waffen und Jagd. Er betrieb eine Ranch am Salmon River in Idaho, die bis heute von seiner Familie bewirtschaftet wird. Seine Liebe galt dem rauen Grenzland von Montana, Idaho und Oregon. Zu seinen Markenzeichen gehörten sein Stetson-Hut und seine extravaganten Zigarren. Es gibt viele Geschichten über ihn. Darunter die „Story“, wie er einen (von einem Jagdgast) angeschossenen Maultier- oder Weißwedelhirsch mit seinem .44 Magnum-Revolver auf über 600 Yard (549 m) Entfernung erlegt haben soll. In seiner spannenden Autobiografie *Hell, I Was There!* schildert Elmer Keith detailliert sein bewegtes Leben.

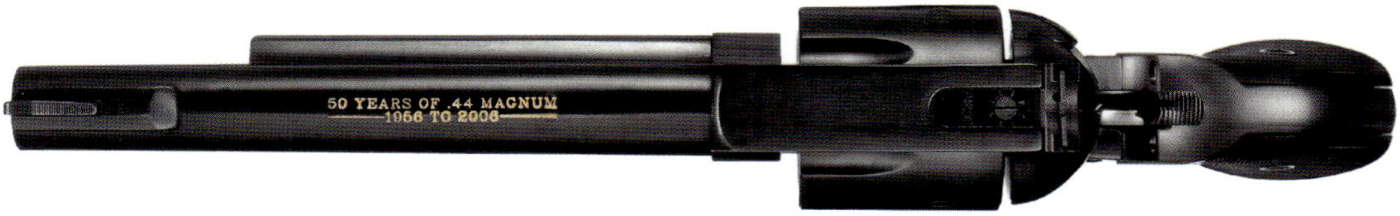

Ruger-Jubiläumsrevolver zum 50-jährigen Bestehen der .44 Magnum.

schriften veröffentlicht, etwa die Erlegung eines kapitalen Eisbären durch den Verleger Robert E. Petersen. Selbst im Vietnamkrieg fand der .44 Magnum Mod. 29 als Militärwaffe Verwendung. Das US-Heer gab die Entwicklung eines »*Quiet Special Purpose Revolver*« (QSPR, schallgedämpfter Revolver für Sonderzwecke) in Auftrag. Gedacht war die Waffe zum Einsatz in den Tunneln des Viet Cong. Der QSPR stellte ein umgebautes

Taurus »Raging Bull«

Ruger »Redhawk«.

Modell 29 mit kurzem 1,3-Zoll-Lauf dar, wobei der aufwändige Umbau und Spezialmunition den Schussknall auf 110 Dezibel dämpften. Immer noch laut, aber damit ließ sich die Waffe in engen Tunneln einsetzen, ohne dass dem Schützen gleich die Trommelfelle platzten. Der QSPR-Revolver wurde von der AAI Corporation in enger Zusammenarbeit mit dem *US Army Land Warfare Laboratory* am Aberdeen Proving Ground entwickelt. Um einen leisen Knall und wenig Mündungsfeuer zu erzielen, verwendeten die Ingenieure von

S&W-Jagdrevolver mit 8⅜-Zoll-Lauf.

Ruger »Super Redhawk«.

AAI ein sogenanntes »Captive«-Kolben-Kartuschensystem, bei dem heiße Pulvergase in der Patronenhülse aufgefangen werden. Dazu entwickelten sie eine spezielle Patronenhülse aus Stahl. Sie enthielt eine kleine Treibladung hinter einem becherförmigen Kolben. Davor wurden fünfzehn Wolframkugeln von jeweils 0,5 g Gewicht geladen. Beim Schuss wurde der Kolben beschleunigt und beförderte die Schrotladung aus dem kurzen Stummellauf. Die Pulvergase aber wurden in der Stahlhülse zurückgehalten. Der kurze Lauf erhielt keine Züge, was für Schrotladungen auch unsinnig gewesen wäre. Da für den Einsatz in dunklen Tunneln und auf sehr kurze Entfernungen vorgesehen, konnte der QSPR-Revolver des Weiteren auf ein Visier verzichten. Die Wirkung der Wolframkugeln auf Kurzdistanz soll verheerend gewesen sein. Die Stückzahl der produzierten Militär-Spezialrevolver liegt im Dunkeln. Je nach Quelle schwankt sie zwischen 25 und 250 Exemplaren. Heute sind nur noch drei erhaltene QSPR bekannt. Zwei befinden sich in US-Militärmuseen und einer in der ATF-Referenzsammlung.

Richtig los mit der Popularität des S&W Modell 29 ging es aber, als Hollywood die .44 Magnum entdeckte. Nachdem Clint Eastwood als Inspektor Harry Callahan in den »Dirty Harry«-Filmen mit seinem .44 Magnum die Straßen von San Francisco von Bösewichtern befreit hatte, setzte in den US-Waffengeschäften ein wahrer Sturm auf das S&W Modell 29 ein und die Nachfrage übertraf bei weitem das Angebot. Die Fans zahlten bis zum Dreifachen des empfohlenen Verkaufspreises für einen »Dirty Harry-Revolver«. Die .44 Magnum erwarb sich rasch das »Macho-Image« einer nur von echten Kerlen wie Clint Eastwood zu bändigenden Superwaffe. Die Filmindustrie befeuerte diesen Ruf fleißig weiter. Als David Rasche alias »Sledge Hammer« (Vorschlaghammer) in der gleichnamigen Fernsehserie seine »Suzi« aus dem Schulterholster zog, handelte es sich natürlich auch um ein S&W Mod. 29. Die Filmemacher hielten sich natürlich nicht an die Gesetze der Physik: Bösewichter flogen nach einem .44-Magnum-Treffer regelrecht durch die Luft und Fahrzeuge blieben nach einem Treffer im Motorraum sofort stehen.

Der S&W Modell 29 ist bis heute ein echter Klassiker und wohl die beliebteste Waffe im Kaliber .44 Magnum geblieben. Smith & Wesson baut ihn in zahlreichen Varianten – vom langläufigen Jagdrevolver mit 8⅜-Zoll-

Gasdrucklader »Desert Eagle« in .44 Magnum.

»Snubnose«-Revolver im starken .44er-Kaliber.

Lauf bis zum kurzläufigen »Backpacker« mit 2½-Zoll-Lauf. Aktuell (2025) listet S&W 16 Ausführungen, Revolver aus dem *Custom Shop* nicht mitgerechnet. Ruger bringt es sogar auf 24 .44er-Typen. Besonders die *Double Action*-Modelle »Redhawk« und »Super Redhawk« sowie der *Single Action*-Revolver »Super Blackhawk« erfreuen sich in den USA großer Beliebtheit. Auch der brasilianische Hersteller Taurus führt gut ein Dutzend *Double Action*-Revolver Kaliber .44 Magnum im Programm. Colt hingegen hielt sich bei der .44 Magnum eher bedeckt. Der Colt »Anaconda« erwies sich als kein großer Verkaufserfolg. Auch viele weitere Hersteller, die .44-Magnum-Revolver anboten, etwa die spanische Firma Astra, stellten die Fertigung bald wieder ein. Dan Wesson richtete seine Wechsellauf-Revolver auch für die .44 Magnum ein und entwickelte dafür einen größeren Rahmen. Auch die hochwertigen *Single Action*-Revolver von Freedom Arms gibt es in .44 Magnum. Nicht zu vergessen zahlreiche kleinere Firmen, wie etwa die deutschen Hersteller Korth und Janz, die bereits bei der .357 Magnum näher vorgestellt wurden. Was die Waffenauswahl betrifft, kommt die .44 Magnum fast an die .357 Magnum heran. Natürlich baut auch Thompson/Center .44-Magnum-Läufe für die »Contender«. Wer eine Selbstladepistole in diesem Kaliber sucht, kann zur »Desert Eagle« greifen.

In den »Dirty Harry«-Filmen verwendete US-Schauspieler Clint Eastwood alias Inspektor Harry Callahan einen S&W-Revolver M 29 Kaliber .44 Remington Magnum mit 6 ½-Lauf (hier eine Szene aus »Dirty Harry 2« von 1973). Es war die beste Werbung, die sich Smith & Wesson überhaupt vorstellen konnte.

Heute sind Waffen im Kaliber .44 Magnum einerseits noch immer beliebt, andererseits aber auch auf dem absteigenden Ast. Als Verteidigungswaffen sind sie den meisten Waffenträgern viel zu groß und schwer. Als Jagdrevolvern laufen ihnen Waffen in den modernen, noch leistungsfähigeren Kalibern wie .454 Casull, .460 S&W, .480 Ruger oder .500 S&W zunehmend den Rang ab. Ihr großer Vorteil besteht jedoch in der breiten .44er-Munitionsauswahl. Alle großen Hersteller bieten Patronen in diesem Kaliber an und dazu mit hochwertigen Premiumgeschossen. Als Fangschusswaffe für den Hundeführer stellt ein 4-Zoll-Revolver Kaliber .44 Magnum auch heute noch eine gute Wahl dar. Beim Großkaliber-Scheibenschießen bieten .44-Magnum-Waffen des Weiteren die Möglichkeit, zu Trainingszwecken die rückstoßschwache .44 Special zu nutzen. Insofern zählt Elmer Keiths »Kult-Magnum« noch lange nicht zum alten Eisen, auch wenn sie schon lange nicht mehr die leistungsstärkste fabrikmäßige Revolverpatrone der Welt darstellt. Dafür sorgt allein schon das Fernsehen mit der ständigen Wiederholung von »Dirty Harry«-Filmen.

.44 Auto Mag Pistol

Der Tüftler Harry Sanford entwickelte in den 1960er-Jahren eine .44er-Kurzwaffenpatrone und die dazu passende Selbstladepistole zur Jagd. Um diese Auto Mag Modell 180 ranken sich eine Menge Geschichten und die Waffe kann auf eine bewegte Vergangenheit zurückblicken. Die ersten funktionierenden Prototypen lagen Ende 1969 vor. Als die Waffe in der März-Ausgabe des US-Waffenmagazins *Guns & Ammo* auf der Titelseite erschien und im Innenteil vom amerikanischen »Combat-Papst« Jeff Cooper vorgestellt wurde, führte dies zu einer überwältigenden Resonanz bei der Leserschaft. Zur Befriedigung der Nachfrage gründete Harry Sanford noch im selben Jahr in Pasadena die Auto Mag Corporation zur Serienfertigung der Pistole. Zu diesem Zeitpunkt sollten Berichten zufolge bereits 8000 Vorbestellungen eingegangen sein, wobei Sanford nur über einige Prototypen und keine Fabrik zur Fertigung verfügt hatte. Die Waffe war ihrer Zeit technisch weit voraus und optisch ließ sie sich mit keiner anderen Selbstladepistole vergleichen. Außerdem sollte die neue .44er alle bisher bekannten Pistolenpatronen in den Schatten stellen. Die Pistole Auto Mag 180 bestand bis auf die Kunststoffgriffschalen ausschließlich aus rostfreiem Stahl. In den 1970er-Jahren ein Novum in der Waffenherstellung, zumal *Stainless Steel* – rostträger Stahl – als sehr schwierig zu bearbeiten galt. Um die Serienfertigung nach seinen Quali-

Jeff Cooper

Jeff Cooper (1920–2006) prägte das moderne Schießen mit Kurzwaffen maßgeblich. Er nahm beim *United States Marine Corps* am 2. Weltkrieg und am Koreakrieg teil und brachte es bis zum *Lieutenant Colonel* (Oberstleutnant). Ab den 1950er-Jahren widmete er sich der zivilen Waffenausbildung und dem Schreiben. Er gründete das *American Pistol Institute* (API) in Gunsite, wo er die von ihm entwickelten Schießtechniken lehrte. Cooper gehörte des Weiteren zu den Gründervätern der *International Practical Shooting Confederation* (IPSC), heute die maßgebliche Institution des praktischen Schießsports. Auch das API in Gunsite zählt zu den weltweit bekanntesten Schießschulen.

Cooper verfasste als Fachautor und Kolumnist zahllose Beiträge für Waffenmagazine wie *Guns & Ammo* und wurde als »Gunner´s Guru« bekannt. Seine Philosophie und Lehren, insbesondere die vier Grundregeln der Waffensicherheit (z. B. „Alles, was eine Waffe trifft, ist das Ziel"), beeinflussen bis heute Schützen weltweit. Cooper prägte die moderne Schießkultur wie kaum ein anderer.

Die Auto Mag 180 besteht ganz aus rostträgem Stahl.

tätsansprüchen zu gewährleisten, rekrutierte Sanford einen ganzen Stab an Metallurgen, Büchsenmachern, Werkzeug- und Formmachern. Für den Rahmen wurde die Stahlsorte 17-4 PH verwendet, Lauf und Verschluss bestanden aus 455er-Stahl, bei den Kleinteilen griff man auf 17-7 zurück. Die Fertigung komplett im eigenen Haus erwies sich aber rasch als viel zu teuer, denn die Kosten für die notwendigen Werkzeuge waren enorm. Daher vergab Sanford Aufträge an Zulieferer – was in einer Katastrophe endete. Viele Teile kamen zu spät oder waren nicht maßhaltig, nicht zuletzt weil die Verarbeitung des rostträgen Stahls zu dieser Zeit enormen Aufwand erforderte. Sanford vereinfachte daher die Konstruktion etwas, um sie der Serienfertigung anzupassen. Anfang 1971 erschienen endlich die ersten Auto Mag-Pistolen auf dem Markt und schlugen ein wie eine Bombe.

Ballistisch kopiert die .44 Auto Mag Pistol ziemlich genau die Revolverpatrone .44 Remington Magnum. Daneben die .357 Auto Mag.

Die Edelstahlpistole bringt 1,6 kg auf die Waage.

Die gut 1,6 kg schwere Edelstahlpistole kam als schlanke Schönheit und wirkte qualitativ hochwertig und edel. Durch die gestiegenen Herstellungskosten machte Sanford mit der ersten Serie aber erst mal Verlust, da er die Vorbestellungen zum angekündigten Verkaufspreis von 200 US-Dollar ausliefern musste. Der Preis stieg danach innerhalb kurzer Zeit auf 275 US-Dollar.

Technisch betrat die Auto Mag 180 Neuland; sie arbeitet mit einer bei Selbstladepistolen ganz ungewöhnlichen Technik: mit einem innenliegenden Verschlusszylinder und einem Drehriegelverschluss ähnlich dem US-Sturmgewehr M16. Die Steuerung des Ver- und Entriegelungsvorgangs erfolgt dabei über eine Steuerkurve hinter dem Verschlusszylinder. Die Auto Mag ist aber ein Rückstoßlader und nicht etwa ein Gasdrucklader wie die »Desert Eagle« von IMI, bei der dieser Verschluss wohl als Vorbild gedient hat. Bei der »Desert Eagle« wird der Verschluss aber nicht über eine Steuerkurve angesteuert, sondern über eine gefederte Schubstange links neben dem Verschluss. Die Auto Mag verfügt über zwei sehr starke Verschlussfedern links und rechts in Röhren unter der Verschlusshülse, die beim Durchladen nach hinten austreten. Beim Durchladen der Auto Mag muss der Schütze kräftig zupacken, die Kräfte sind sehr hoch. Erstaunlicher Weise erhielt die Auto Mag trotz der starken .44er-Patrone noch einen Rückstoßverstärker in Form eines Schwinggewichtes, was man sonst nur bei Maschinengewehren findet. Beim Schuss laufen Lauf und Verschluss zunächst 9 mm gemeinsam zurück, bevor sich der Verschluss mit seinen sechs Warzen durch eine Rotationsbewegung von 25 Grad vom Lauf trennt. An dieser Stelle unterstützt ihn der Rücklaufverstärker.

Der Lauf lässt sich leicht abnehmen, indem bei geöffnetem Verschluss der kleine Drehhebel links über dem Abzugsbügel umgelegt wird. Das einreihige Magazin nimmt sieben Patronen auf.

Das Munitionsproblem

Ein weiteres Novum bei der Markteinführung der Auto Mag 180 war, dass es keine Fabrikmunition für die Waffe zu kaufen gab. Wer mit der Auto Mag schießen wollte, musste die Patronen zwangsläufig selbst herstellen. Eine ausführliche Anleitung zur Munitionsfertigung lag jeder Waffe bei. Ballistisch kopiert die .44 Auto Mag Pistol ziemlich genau die Revolverpatrone .44 Remington Magnum; sie verwendet den gleichen Geschossdurchmesser und die Hülsen besitzen das gleiche Innenvolumen. Die .44 AMP ist aber eine randlose Patrone mit Auszieherrille. Bei einer .44 Rem Mag. den Rand abzudrehen und eine Rille zu stechen, ist nicht möglich, denn die .44-AMP-Hülse ist einen Millimeter länger und besitzt ein massiveres Bodenteil. Die Hülsenherstellung gerät dennoch zum Glück nicht sehr schwierig, denn es werden lediglich Gewehrhülsen der Kaliber .308 Win. oder .30-06 als Ausgangsmaterial benötigt. Die Hülsen müssen auf eine Länge von 23,94 mm gekürzt und die Innendurchmesser bis zur Setztiefe der Geschosse auf einen Innendurchmesser von 10,88 mm aufgerieben werden. Dadurch sollte sich dort eine Wandstärke von 0,38 mm ergeben. Die .44 AMP kann dann mit den Geschossen und den Treibladungspulvern der .44 Magnum geladen werden. Sie erreicht durch den fehlenden Trommelspalt der Pistole sogar eine etwas höhere Leistung als die Revolverpatrone.

Zur Freude der Auto-Mag-Schützen lieferte schließlich die mexikanische Firma Cartuchos Deportivos de Mexico (CDM), an der Remington zu 49 % beteiligt war, die erste Fabrikmunition. CDM stellte 300.000 fertige Patronen und 600.000 Hülsen her, die sehr schnell vergriffen waren. Ende der 1970er-Jahre legte dann die schwedische Firma Norma die .44 AMP auf und das Munitionsproblem schien gelöst. Leider blieb die .44 AMP bei Norma nicht sehr lange im Programm.

Sanfords Firma hatte in der Zwischenzeit mit ganz anderen Problemen zu kämpfen, denn die Auslieferung der Pistolen hakte an allen Ecken und Enden. Als sich dann der Hauptkapitalgeber zurückzog, musste Sanford im Mai 1971 Konkurs anmelden, obwohl sich noch Teile für 5000 Pistolen im Lager befanden. Die Thomas Oil Corporation übernahm den Maschinenpark nebst sämtlichen Waffenteilen und gründete die Firma Trust Deed Estades (TDE), um die Konkursmasse der Firma zu verarbeiten und aus den übernommenen Teilen komplette Waffen zu bauen und auf den Markt zu bringen. Dies erwies sich als schwieriger als zunächst angenommen, und so stellte T.D.E. Harry Sanford als Firmenleiter ein. Sanford machte weiter, wo er angefangen hatte, und zog dann mit der in Nord Hollywood gegründeten Firma nach El Monte um. Der Tüftler beschränkte sich nicht darauf, die Produktion der .44er Auto Mag zu leiten, sondern entwickelte aus der .44 AMP die .357 AMP, die auf der Hülse ihrer großen Schwester basierte. Die flaschenförmige Hülse bot Platz für jede Menge Treibladungsmittel, so dass die .357 AMP sich als wirklich »heiße« Patrone entpuppte. Sie übertraf die Leistung der Revolverpatrone .357 Magnum leicht und kam an die .357 Maximum heran. Als die ersten Exemplare der Auto-Mag-Pistole im Kaliber .357 AMP vorlagen, erregte sie das Interesse von Lee Jurras, der als passionierter Schütze und Jäger die kleine, aber exklusive Munitionsfirma Super Vel leitete. Die Leistung der.357 AMP beeindruckte ihn und er setzte eine Auto Mag in diesem Kaliber jagdlich ein. Er bestellte bei Sanford 100 Sondermodelle der Auto Mag im .357er-Kaliber mit Mag-Na-Port-Schlitzen und Schichtholz-Griffschalen. Die Waffen erhielten die Bezeichnung »Lej Custom Modell 100« und die Seriennummern

Lej 001 bis Lej 100. Trotz des Preises von 500 US-Dollar gingen die Waffen weg wie warme Semmeln. Jurras bestellte umgehend weitere 100 Stück, jetzt aber im Ursprungskaliber .44 AMP mit 6½-Zoll-Lauf. Auch sie erhielten wieder Seriennummern von Lej 001 bis Lej 100, wobei die Waffen mit den Nummern 088 bis 090 einen 8½-Zoll-Lauf aufwiesen. Sämtliche Lee-Jurras-Sondermodelle sind heute gesuchte Sammlerwaffen. Absatzprobleme erlebte Jurras auch mit dieser Serie nicht. Er gründete den Verein *Club de Auto Mag Inernational* und gab ein monatliches Mitteilungsblatt heraus. Das erregte das Interesse von Don Mitchell, dem Präsidenten von High Standard. Mitchell kaufte Auto-Mag-Pistolen, um sie unter *High Standard*-Namen zu vermarkten. Etwa 200 Pistolen wurden mit dem Schriftzug »High Standard« auf dem Lauf und einem »H.S.« vor der Seriennummern vermarktet. Weitere 100 Stück folgten, ebenfalls mit »High Standard«-Schriftzug, aber mit »A.O.« vor der Seriennummer. Bei T.D.E. brannte es mittlerweile an anderer Stelle: Anteilseigner Thomas Oil zog sich aus der Firma zurück. Harry Sanford suchte sich einen Teilhaber und kaufte T.D.E. Die Auftragsbücher der Auto Mag waren voll und die Nachfrage überstieg die Fertigungsmöglichkeiten. Um sich völlig auf die Fertigung konzentrieren zu können und vom Verkaufsgeschäft entlastet zu sein, suchte Sanford des Weiteren einen exklusiven Vertriebspartner für seine Auto Mag, der auch die gesamten Garantieleistungen sowie Reparaturen übernehmen sollte. Seine Wahl fiel auf Lee Jurras, der nicht nur ein exzellenter Kenner der Auto Mag war, sondern sich auch als Patronenhersteller um das leidige Munitionsproblem kümmern konnte. 1974 übertrug T.D.E. Jurras den weltweiten Alleinvertrieb und das Servicezentrum. Ein Glücksgriff, denn Jurras betrieb ein hervorragendes Marketing, das ihn allerdings so in Anspruch nahm, dass kaum noch Zeit für seine eigene Munitionsfirma Super Vel blieb. 1974 schloss Jurras daher Super Vel und produzierte nur noch Patronen in den Auto Mag-Kalibern. Nach Vorgaben von Jurras entstanden auch zahltreiche Sondermodelle der Auto Mag, etwa die Edition »Lee Jurras Custom Model 200« mit 6½-Zoll-Lauf, 8½-Zoll-Wechsellauf plus Zielfernrohr, Anschlagschaft, Schichtholz-Griffschalen von Clint Teeters, Munition und Flugbahntabellen, alles untergebracht in einem exklusiven Lederkoffer. Der Verkaufspreis der auf 25 Stück limitierten Serie betrug je Koffer 35.000 US-Dollar. Das ebenfalls von Jurras angeregte Jagdmodell »Alaskan« in .44 AMP kam mit 12½-Zoll-Lauf, um Leistung und Präzision der Pistole voll auszuschöpfen. Sozusagen das Gegenteil stellte die Kompakt-Ausführung »Backpacker« mit kurzem 4-Zoll-Lauf und gekürztem Griffstück dar, die sogar das Interesse der *Highway Patrol* (US-Autobahnpolizei) fand. Als dann Anfang der 1980er-Jahre das Interesse an der großen Magnumpistole abebbte, ging Sanford schnell das Geld aus. 1982 stellte er die Fertigung der Auto Mag ein. Bis zum Produktionsende waren insgesamt etwa 9000 Auto Mag-Pistolen gebaut worden. Bis zu seinem Tod 1996 verkaufte Sanford weiterhin Ersatzteile. Sein Sohn Walter vertrieb die restlichen Teile dann über das Internet. Aber dies bedeutete nicht das Ende der Auto Mag. 2015 brachte ein neu gegründetes Unternehmen, die Auto Mag LTD Corporation, die legendäre Pistole zurück auf den Markt. Es hatte die Rechte an der Auto Mag erworben; die Fertigung übernahm Excel Arms. Ursprünglich sollte Excel Arms nur Magazine und Gehäuse herstellen, dann baute das Unternehmen aber die komplette Waffe. Auf der *Shot Show 2018* stellte es die ersten neuen Auto Mags vor. Sie sind mit 6½- und 8½-Zoll-Läufen erhältlich und die Preise beginnen bei 3500 US-Dollar. Bei der ersten Serie handelte es sich um 77 Pistolen mit 8½-Zoll-Läufen zu Ehren von »Dirty Harry`s« Auto Mag aus dem Hollywood-Film »Dirty Harry kommt zurück« (Originaltitel: *Sudden Impact*) aus dem Jahre 1983. Darin wechselte Clint Eastwood alias Inspektor Harry Callahan von seinem Smith & Wesson Modell 29 Kaliber .44 Magnum zur .44er Auto Mag, als sein Revolver abhanden gekommen war. In Sachen Munition arbeitet Excel Arms mit Starline Brass zusammen; das Unternehmen hat bereits eine Serie von 100.000 Hülsen für die .44-AMP-Patrone produziert. Es geht also weiter mit der ersten Selbstladepistole in einem Magnumkaliber.

Bleibt noch zu erwähnen, dass Harry Sanford und Lee Jurras an weiteren Auto Mag-Patronen experimentierten, wie .22 AMP, .25 AMP, .30 AMP und .41 AMP. Diese Patronen wurden aber nie fabrikmäßig hergestellt. Die für Prototypen geladene Munition basierte auf der .44-AMP-Hülse und zeigt deren Bodenstempel.

Lee E. Jurras

Bereits im zarten Alter von zwölf Jahren begann Lee E. Jurras (1934–2017) mit dem Wiederladen von Patronen, um damit sein Taschengeld aufzubessern. In der *High School* trat er der Reserve des *Marine Corps* bei und wechselte dann auf Anraten seines Kommandeurs zur aktiven Marineinfanterie über. Sein Schießtalent trat deutlich hervor, als er einmal einen Rekord von 249 von 250 Ringen aufstellte. In den 1950er-Jahren begann Jurras mit Hohlspitzmunition zu experimentieren. Bekannt wurde er durch die Super-Vel-Patronenreihe, die als Meilenstein in der Entwicklung der Hohlspitzmunition gilt. 1963 gründete Jurras in Shelbyville/Indiana die Munitionsfirma Super Vel. Die Patronen waren mit leichte Geschossen laboriert, die eine hohe Geschwindigkeit erreichten und für ihre gute Geschossexpansion bekannt wurden. Das erste Produkt von Super Vel stellte eine speziell für die Polizei entwickelte Patrone .38 Special HP dar. Die Super-Vel-Produktlinie war ein Erfolg und Jurras verkaufte große Mengen Hohlspitzmunition an Behörden und Privatkunden. 1974 musste die Firma Super Vel aber ihre Pforten schließen, da die großen Munitionshersteller mit ähnlichen Entwicklungen den Markt sozusagen übernommen hatten. Jurras setzte seine Bemühungen in der Patronenentwicklung aber fort und nutzte jetzt hauptsächlich die AuotMag-Pistole sowie die Kipplaufpistole von Thompson Center als Grundlagen. Als Großwildjäger mit Handfeuerwaffen entwickelte er das Howdah-Konzept für die »Contender« und kreierte auch Spezialpatronen wie die .470 Jurras, .500 Jurras und .577 Jurras Howdah. Zusammen mit George C. Nonte verfasste er mehrere Bücher über Schusswaffen. Sein bekanntestes Werk stellt wohl *Handgun Hunting* dar.

.429 Desert Eagle

Die Patrone .429 DE (Desert Eagle) entwickelte die Firma Magnum Research speziell für die Selbstladepistole »Desert Eagle« und brachte sie 2018 auf den Markt. Sie basiert auf einer eingezogenen .50 Action-Express-Hülse, dem »Paradekaliber« der »Desert Eagle«. Die .429 DE entstand, um eine Patrone aus der »Desert Eagle« verschießen zu können, die einen geringeren Rückschlag als die .50 AE, aber mehr Leistung als die .44 Magnum aufwies. Einen weiteren Grund lieferte der Umstand, dass manche US-Bundesstaaten .50-Kaliber-Faustfeuerwaffen für die Jagd nicht zulassen. Aus einem 6-Zoll-Lauf erreicht die .429 DE gegenüber der .44 Magnum 25 % mehr Geschwindigkeit und 45 % mehr Energie. Die .429 DE erbringt damit aus dem 6-Zoll-Lauf der »Desert Eagle« die Leistung einer .44 Magnum aus einem Büchsenlauf.

Ganz neu war die Entwicklung aber keinesfalls, denn eingezogene .50 AE-Patronen für die »Desert Eagle« gab es schon. So brachte die Firma CorBon Ammunition bereits 1998 die .440 Corbon auf den Markt. Ebenfalls eine .50 AE eingezogen auf .429 und gedacht für die »Desert Eagle«. Die »Desert Eagle«-Fans jedenfalls nahmen die Corbon-Patrone begeistert auf, sie erfüllte die in sie gesetzten Erwartungen: rückstoßärmer als die .50 AE, flache Flugbahn und sehr hohe Durchschlagskraft. Magnum Research stellte Wechselläufe für die .440 CorBon her. Probleme gab es aber mit der Funktionszuverlässigkeit. Die Hülsen waren nicht maßgenau, und da es sich bei der .440 Corbon um einen Schulteranlieger handelt, kam es oft zu Funktionsstörungen. Magnum Research stellte schließlich die Produktion der Wechselläufe ein.

Die .429 DE basiert auf der eingezogenen Hülse der .50 AE (links).

Der Grundgedanke blieb aber faszinierend und die amerikanischen »*Handgun-Hunter*« wollten genau so eine Patrone. Das Entwicklungsteam von Magnum Research, allen voran Jim Tertin, setzten sich also ans Reißbrett, um die Munitionsprobleme zu lösen. Heraus kam die 429 DE, die fast die Leistung der .440 Corbon erbrachte, aber zuverlässig in der »Desert Eagle« funktionierte. Verändert wurde der Schulterwinkel, er fiel mit 30 Grad steiler aus. Der etwas längere Hülsenhals ermöglichte des Weiteren ein sicheres Crimpen des Geschosses. Als Patronenhersteller trat die Firma HSM Ammunition in Erscheinung, die unter Verwendung von Starline-Hülsen für Magnum Research arbeitet. Magnum Research vertreibt die Patronen unter ihrer Munitionslinie »Glacier Ridge«. Das 240-grs-»Soft Point« verlässt den Lauf mit einer angegebenen Geschwindigkeit von 487m/sek, was einer Mündungsenergie von 1844 Joule entspricht. Das 210-grs-Hohlspitzgeschoss kommt auf 518 m/sek und damit auf 1827 Joule. Nur durch Wechsel des Laufes lässt

sich die »Desert Eagle« von .50 AE auf .429 DE konvertieren. Als Jagdpatrone dürfte die .429 DE ein großer Wurf sein, sie erfüllt alle Wünsche der US-Jäger, die Faustfeuerwaffen auf der Jagd führen, und schießt sich dazu noch angenehm. In der US-Waffenpresse bekam die .429 DE viel Lob für ihre Präzision und ballistische Leistung, aber auch schon Kritik wegen einiger Funktionsstörungen. So ganz scheinen die Probleme der .44 Corbon also noch nicht behoben zu sein. Bleibt abzuwarten, wann die ersten Wechselläufe nach Deutschland kommen.
Man darf gespannt sein.

Nur durch Wechsel des Laufes lässt sich die »Desert Eagle« von .50 AE auf .429 DE konvertieren.

.445 Super Magnum

Die .445 Super Magnum wurde Anfang der 1980er-Jahre von Elgin Gates (1922 - 1988), seines Zeichens Präsident der *International Handgun Metallic Silhouette Association*

Die .445 Super Magnum liefert etwa ein Drittel mehr Leistung als die .44 Remington Magnum – was angesichts der deutlich längeren Hülse auch nicht verwundert.

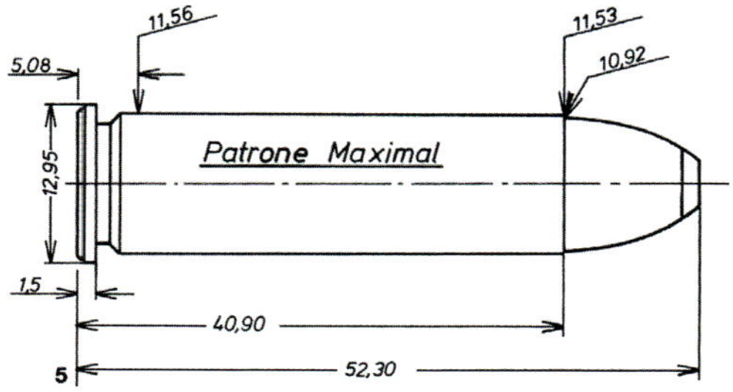

Die Super Magnum besitzt ungewöhnliche Hülsenmaße, als Ausgangshülse dient ihr die .30-40 Krag.

(IHMSA, Internationaler Verband für das Kurzwaffenschießen auf Stahl-Silhouettenscheiben), nebst Unterstützern für das Silhouettenschießen entwickelt. Sie war eine der letzten von fast drei Dutzend von Gates entwickelten so genannten »Wildcat«-Patronen und beruhte auf den Vorgängerversionen .448 und .449 Super Magnum. Die .445 Super Magnum stellte auch jene Gates-Patrone dar, für die eine serienmäßig hergestellte Faustfeuerwaffe eingerichtet wurde. Die Vorgängerpatronen wiesen noch längere Hülsen auf, so dass sie sich kaum vernünftig in einer Revolvertrommel unterbringen ließen. Die .445 Super Magnum mit 41 mm Hülsenlänge hingegen schneiderte Gates ganz auf die 52,7 mm lange Trommel des Dan Wesson-Revolvers zurecht, der 1983 im Kaliber .445 Super Magnum heraus kam. Er blieb dann auch das einzige für diese Patrone eingerichtet Revolvermodell. Einschüssige Kipplaufpistolen wie die »Contender« oder die »Competitor« von Competition Arms Inc. aus Tucson/Arizona gab es für die .445er Super Magnum allerdings auch. Eine Kipplaufpistole ist aber hier wenig spannend, denn hier spielt die Patronenlänge keine Rolle und man kann gleich Gewehrpatronen wie .444 Marlin, .45-70 Government oder .444 Schafer nehmen, die noch mehr »Power« bringen. Die .445 Super Magnum wird aus der Hülse der Gewehrpatrone .30-40 Krag gewonnen, die auf etwa 42 mm abgeschnitten und dann in zwei Stufen aufgeweitet wird. Dies lässt sich ganz gut mit den Matrizensätzen der .41 Magnum und .44 Magnum bewerkstelligen. Nach dem Feuerformen mit einer reduzierten Ladung braucht die Hülse nur noch auf das endgültige Maß von 41 mm getrimmt zu werden. Die Firma Starline bietet auch fertige Hülsen .445 Super Magnum an. Silhouettenschützen, die diese Patrone verwenden, stellen sie aber nach wie vor lieber selbst aus der .30-40 Krag her, weil die Gewehrhülse dickere Wandungen hat und sich besser für die »heißen« Ladungen eignet. Beim Laden der Patronen gilt es

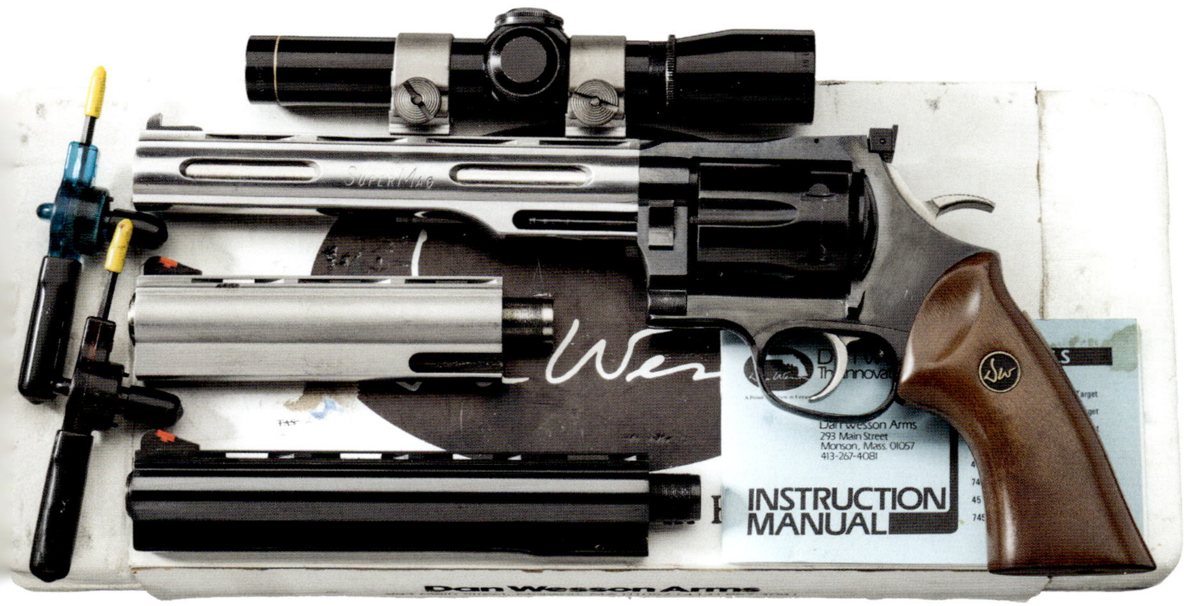

Die .445 Super Magnum mit 41 mm Hülsenlänge wurde auf die 52,7 mm lange Trommel des Dan Wesson-Revolvers maßgeschneidert.

Außer dem Dan Wesson gibt es nur noch Custom-Revolver für die »heiße .44er«.

Dan Wesson-Revolver für die Patrone .445 Super Magnum. Man beachte die Montagesockel für ein Zielfernrohr.

zu bedenken, dass bei den aus Gewehrpatronenhülsen hergestellten .445 Super Magnum die großen Büchsenzündhütchen verwendet werden, denen bei hohen Drücken kaum Alarmzeichen anzusehen sind. Die .445 Super Magnum liefert etwa ein Drittel mehr Leistung als die .44 Remington Magnum, was sich in gut 100 m/sek mehr an Mündungsgeschwindigkeit niederschlägt. Ein 250-grs-Geschoss lässt sich auf bis zu 550 m/sek. beschleunigen und kommt dann auf gut 2500 Joule Mündungsenergie. Auf 200 m verfügt die .445 Super Magnum damit noch über 60 % der Mündungsenergie einer .44 Magnum. Eine willkommene Zusatzleistung beim Umstoßen des 15 kg schweren Stahlwidders. Diese Leistung abzurufen, verlangt allerdings auch einen entsprechend langen Lauf. Sechs Zoll sind hier eindeutig zu kurz. Dan Wesson hat den .445 Super Mag. zwar auch mit 8-Zoll-Lauf im Programm. Dann aber wiegt der Revolver 1873 g und liegt damit über der Gewichtsgrenze bei der *Production Class* des Silhouetten-Schiessen von 1812 g. Mit den kürzeren Läufen – das »*Pistol-Pack*« von Dan Wesson besteht aus einem Revolver mit zwei Griffen und drei Läufen von 4, 6 und 8 Zoll – erreicht die .445 Super Magnum aber nur unwesentlich mehr Leistung als eine .44 Magnum, quittiert jedoch mit erheblich höherem Rückstoß. Die großen US-Revolverhersteller ließen von der .445 Super Magnum die Finger, da sie wie bei der .357 Maximum starke Lauferosionen befürchteten. Neben dem Dan Wesson gibt es nur noch *Custom*-Revolver, meist auf Basis eines Ruger *Single Action,* im »heißen« .44er Kaliber. Die Karriere als Silhouette-Patrone der .445 Super Magnum gilt daher wohl als gescheitert. Bleibt noch die Verwendung für die Jagd mit Faustfeuerwaffen. Hier hat die schnelle .44er durchaus eine Menge zu bieten, und mit dem Dan Wesson steht eine Serienwaffe zu akzeptablem Preis zur Verfügung.

.454 Casull

Die .454 Casull stellt wohl die erfolgreichste kommerziell hergestellte Super-Magnum-Patrone dar, und es gibt für sie eine gute Auswahl an Serienwaffen.
Die Patrone geht zurück auf Richard »Dick« Casull (1931–2018), der schon 1953, als er noch als Angestellter in einem Waffengeschäft arbeitete, mit leistungsgesteigerten .45 Long-Colt-Laborierungen aus *Single Action*-Revolvern experimentierte. Die Leistungen dieser .45er-Patronen ließen sich zwar steigern, nur die Revolver machten das bei den hohen Gasdrücken nicht lange mit. Die einzige Möglichkeit bestand also im Bau eines eigenen Revolvers, der derartigen Gasdrücken standhielt. Da sich das Hülsenmaterial der .45 Long Colt nicht für solch druckstarke Ladungen eignete, verlängerten Dick Casull zusammen mit Duane Marsh und Jack Fullmer die Hülsen der .45 Long Colt auf 35 mm, verstärkten die Hülsenwände und richteten die Hülsen für kleine Büchsenzündhütchen ein – also nicht für große Pistolenzündhütchen. Davon versprach sich das Trio eine bessere Zündung und eine stabilere Zündglocke. Später stellten sie auf große Büchsenzündhütchen um. Die ersten Casull-Patronen wurden mit einer Triplex-Ladung verschiedener Treibladungspulver geladen, um einen progressiven Abbrand zu erreichen, der zu einer progressiven Beschleunigung des Geschosses im Lauf führen sollte. Dazu fertigten Casull und Kameraden spezielle Geschosse mit 260 und 300 grs Gewicht, die einen gegossenen Hartbleikern und einen verkupferten Messingmantel aufwiesen. Von herkömmlichen gepressten Weichbleigeschossen rieten sie ausdrücklich ab. In der Novemberausgabe 1959 der namhaften US-Waffenzeitschrift

Dick Casull mit einem seiner »Traumrevolver«.

Guns & Ammo stellte der bekannte US-Fachjournalist P. O. Ackley die neue Casull-Patrone ausführlich vor. Entsprechend großes Interesse fand sie bei den amerikanischen Faustfeuerwaffen-Jägern. Waffen gab es aber noch keine und die Nimrode mussten sich gedulden: erst Anfang der 1970er-Jahre baute Dick Casull zusammen mit Charlie Taggart in Salt Lake City bei der Rocky Mountain Arms Corporation die ersten Prototypen eines superstabilen *Single Action*-Revolvers. Leider ging die Firma bald in Konkurs und das Projekt eines superstarken Revolvers lag erneut auf Eis. Von 1975 bis 1978 arbeitete Casull bei der North American Arms Corporation, bekannt durch ihre kleinen .22er-Miniaturrevolver, die sie heute noch baut. 1979 wurde es dann Ernst mit dem .454-Casull-Revolver: Dick Casull hatte in Wayne Baker einen finanzkräftigen Investor gefunden, mit dem er die Firma Freedom Arms gründete und seinen »Traumrevolver« baute. 1983 erschien dieser als Freedom-Arms-Revolver Modell 83 auf dem Markt und schlug ein wie eine Bombe. Der fünfschüssige Hahnspanner aus *Stainless Steel* war hervorragend verarbeitet und vertrug anstandslos 3900 bar Gasdruck. Das

Modell gilt als »sprengsicher« und verträgt nach Herstellerangaben jede Ladung mit auf dem Markt erhältlichen US-amerikanischen Pulvern. Dick Casull ließ es natürlich darauf ankommen, aber selbst 25 grs Bullseye, das offensivste US-Revolverpulver, hinter einem 255-grs-Bleigeschoss konnten den Revolver nicht sprengen. Der Gasdruck soll etwa 6200 bar betragen haben – akribisch gemessen hat ihn freilich niemand. Von einem geplatzten Freedom-Arms-Revolver hat man jedenfalls bislang nichts gehört.

Der Freedom Arms .454 Casull

Der mit 7½-Zoll-Lauf gut 1,5 kg schwere Freedom Arms Modell 83 ist äußerst massiv gebaut und aus sehr hochwertigem Stahl gefertigt. Die 44,5 mm durchmessende Trommel mit fünf Patronenlagern verzichtet auf Auskehlungen und weist beruhigend dicke Wandstärken auf. Die eingefrästen Nuten für die Trommelarretierung versetzte Dick Casull seitlich, um die Trommel nicht an ihren dünnsten Stellen zu schwächen. Möglich ist das beim Freedom-Arms-Revolver durch eine seitliche Verlagerung der Trommelarretierung unten im Rahmen, der an dieser Stelle 22 mm breit ist. Der 19,4 mm dicke Lauf mit sechs Zügen zeigt für eine US-Waffe eine sehr gute Politur. Die 19,5 mm breite Rahmenbrücke misst satte 6 mm Stärke und die brünierte, voll verstellbare Kimme ist in einer Ausfräsung eingelassen. Der gefederte Zündstift wurde von der Stoßbodenseite her eingesetzt, wohl um bei Zündhütchen-Durchbläsern auf der sicheren Seite zu sein. Die fünf Patronenlager sind penibel poliert – eine Not-

Der Freedom Arms Mod. 83 im Kaliber .454 Casull stellt wohl den ersten serienmäßig gebauten Revolver für ein Super-Magnum-Kaliber dar.

Die Lieblings-Revolver von Dick Casull.

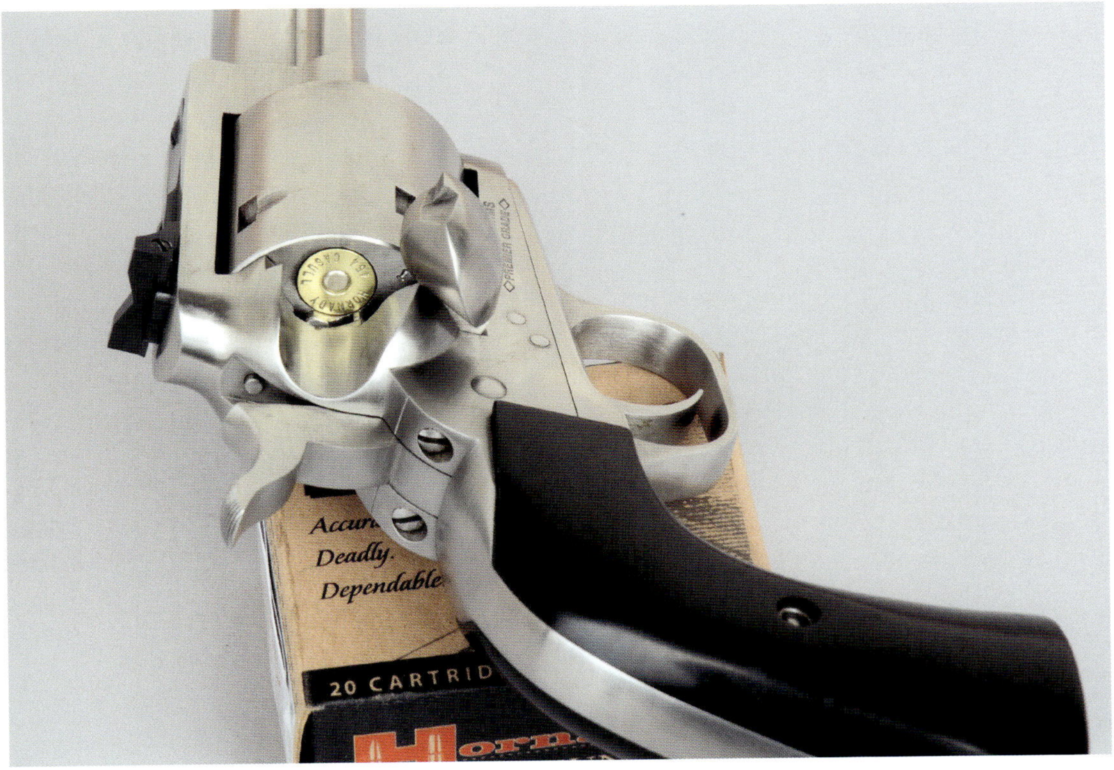

Die eingefrästen Nuten für die Trommelarretierung wurden seitlich versetzt.

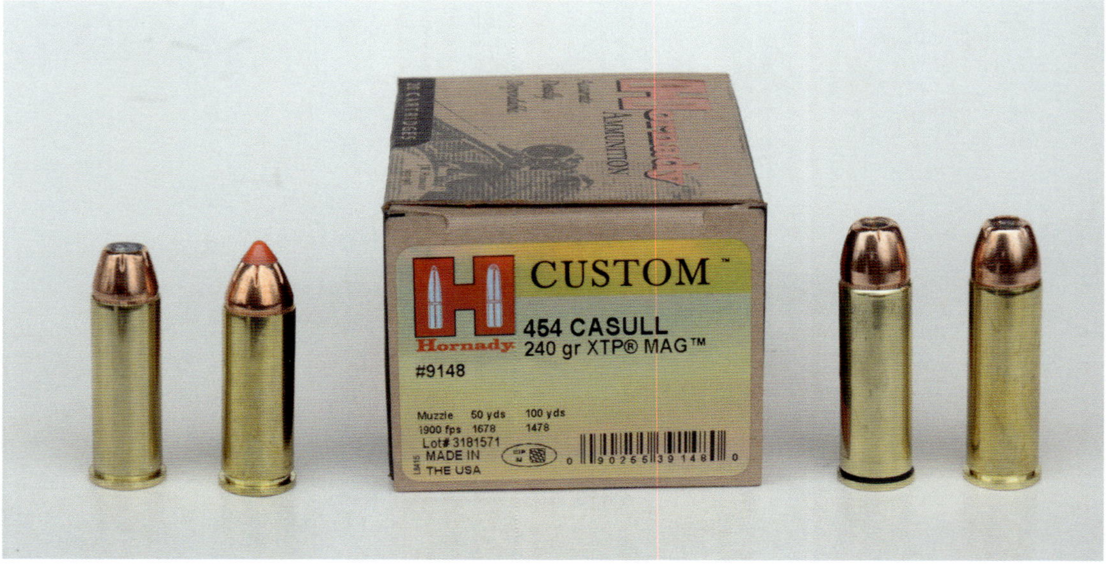

Patronen . 454 Casull mit unterschiedlichen Geschossen.

wendigkeit, um die Hülsen der gasdruckstarken Patronen nach dem Schuss problemlos aus den Lagern zu entfernen. Der Hahn lässt sich in eine Laderast zurückziehen, bei der sich die Trommel frei drehen lässt. Außerdem verfügt er über eine interessante Sicherung: Wird der Hahn etwas zurückgezogen und langsam wieder vorgelassen, greift die Rast des Abzuges an einen Steuerhebel und drückt diesen nach oben. Dabei tritt die Nase des Steuerhebels aus dem Hahn heraus und in eine Ausfräsung des Gehäuses ein. Der Hahn liegt jetzt fest, denn die nach oben reichende Fortsetzung der eigentlichen Hahnsicherung wird über den Druck einer Feder angehoben und liegt jetzt zwischen Gehäuse und Hahn. So lässt sich der Freedom Arms sehr sicher führen – gerade bei einem Jagdrevolver nicht unwichtig. Um die Sicherung zu lösen, muss der Hahn nur zurückgezogen werden. Als Feder wird eine kräftige Blattfeder verbaut. Der Freedom Arms Modell 83 erhielt einen typischen steilen *Single Action*-Griff und glatte Griffschalen aus Rosenholz. Sicherlich die besten Griffschalen, um einen solch rückstoßstarken Revolver im Schuss zu beherrschen. Es nützt wenig, zu versuchen, die Waffe im Schuss krampfhaft fest zu halten. Es bleibt nur, der Drehbewegung nachzugeben und den Griff »rollen« zu lassen. Bei Griffschalen mit Fischhaut oder Punzierung würde das eher schmerzhaft enden. Freedom Arms baut das Modell 83 bis heute in den Ausführungen »Premium Grade« und »Field Grade«. Der Unterschied liegt in der Oberfläche, die der Hersteller bei der »Premium«-Version poliert und bei der günstigeren Field Grade-Ausführung matt bürstet. Neben dem Ursprungskaliber .454 Casull baut Freedom Arms das Modell 83 auch in Kalibern wie .475 Linebaugh und .500 Wyoming Express. Für Leute, die zwar einen Freedom-Arms-Revolver besitzen wollen, aber den harten Rückstoß nicht mögen, außerdem in »Kleinkalibern« wie .44 Magnum, .41 Magnum und .357 Magnum. Die Auswahl an Lauflängen reicht von 4¾ bis 10 Zoll, wobei der Leistungsverlust bei einem kurzläufigen Modell 83 und der Patrone .454

Casull natürlich beträchtlich ist. Der 7½-Zoll-Lauf stellt wohl den besten Mittelweg zwischen Leistung und Handlichkeit dar. Es gibt sogar eine Ausführung mit Achtkantlauf, was bei einem *Single Action*-Revolver traditionell-zünftig aussieht und an die Perkussionsrevolver der Vorderladerzeit erinnert.

Natürlich lassen sich aus einem .454 Casull auch Patronen .45 Long Colt verschießen, aber dafür gibt es wohl weitaus günstigere und leichtere Revolver. Bei amerikanischen »*Handgun*«-Jägern steht der Freedom Arms sehr hoch im Kurs und es gibt wohl kaum eine Wildart auf der Erde, die damit nicht schon erlegt wurde. Das Modell 83 hat einen hervorragenden Abzug und ist sehr präzise. Ausgestattet mit einem Kurzwaffen-Zielfernrohr mit großem Augenanstand kann damit sehr weit und präzise geschossen werden. Bis heute kommen aus der kleinen Waffenschiede in Wyoming hervorragend verarbeitete Revolver, die längst Kultstatus besitzen.

»Alaskan«, »Raging Bull« & Co

Dass superstarke Magnumrevolver offenbar Anklang finden, blieb auch anderen Herstellen nicht verborgen. So richtete die Firma Ruger 1997 ihren *Double Action*-Revolver »Super Redhawk« für die .454 Casull ein. Die aus Edelstahl gefertigte Waffe mit 7½-Zoll-Lauf liegt mit etwas über 1470 g im gleichen Gewichtsbereich wie der Freedom Arms Modell 83. Der Ruger fasst aber eine Patrone mehr in der Trommel. Vom »Super Redhwak« gibt es auch eine »Alaskan« genannte Version mit 2½-Zoll-Lauf. Sicher ein echter Bärenschreck, aber mit nur 1250 g Gewicht sicher nicht angenehm im Schuss. 1998 folgte Taurus mit dem »Raging Bull«, ebenfalls ein Spannabzugs-Revolver. Der »Super Redhawk« war schon ein gewaltiger Revolver, doch der »Raging Bull« kam noch mächtiger daher. Taurus entwickelte den »Wütenden Stier« extra für die .454 Casull und dabei entstand ein völlig neuer Revolver, da die hohen Gasdrücke die bisherigen Rahmenkonstruk-

1997 richtete Ruger seinen Double Action-Revolver »Super Redhawk« für die .454 Casull ein.

Ruger »Alaskan« mit 2½-Zoll-Lauf, der »Bärenschreck«.

tionen schlichtweg überforderten. Der starke Lauf mit ventilierter Laufschiene und das bis zur Mündung vorgezogene Ausstoßergehäuse wirken überaus wuchtig. Trotzdem bringt der »Raging Bull« mit 1530 g nicht mal 100 g mehr auf die Waage als der schlanker wirkende Ruger »Super Redhawk«.

Für die gewaltige .454 Casull reichte die herkömmliche Verriegelung, die das Ende der Trommelachse arretiert, nicht aus. So bekam der »Raging Bull« eine zweite Trommel-Verriegelung an der Oberseite des Krans. Zum Öffnen der Trommel muss der Schütze den Schieber unterhalb des Hahn wie gewohnt nach vorn drücken, zusätzlich aber den Schieber vor der Trommel nach unten ziehen. Klingt umständlich. Ist es auch, aber man gewöhnt sich daran. Der Vorteil der zweiten Verriegelung liegt nicht nur in der Entlastung der Trommelachse, sondern auch in einer präziseren Fluchtung der Trommelkammern zur Lauföffnung. Im Vergleich zum »Alaskan« weist der »Raging Bull« eine Trommelkammer weniger auf. Dadurch ergibt sich eine massive Wandstärke von 2,4 mm. Der Ruger bietet hier nur 1,1 mm. Die Trommelnuten sitzen wie beim Casull zwischen den einzelnen Kammern der Trommel, so dass keine zusätzlichen Schwachstellen entstehen.

Auch der »Raging Bull« erhielt das Taurus-Sicherheitsschloss mit Übertragungsstück (*transfer bar*). Um den Rückstoß unter Kontrolle zu bekommen, spendierten die Taurus-Techniker ihrem »Wilden Stier« neben einem hohen Waffengewicht noch zwei Besonderheiten. So verfügt der Lauf über einen Kompensator mit acht im Winkel von 45 Grad nach oben gerichteten Kompensator-Bohrungen links und rechts des Korns. Der Lauf ist vorn 32 mm tief aufgebohrt, so dass sich eine Kompensator-Kammer ergibt. Die nutzbare Lauflänge verringert sich natürlich um diesen Teil. Ebenfalls neu ist der einteilige Gummigriff. Er wird von unten über den Griffrahmen geschoben und erhielt im Rücken eine rote Einlage aus noch weicherem Gummi. Ausgelegt für mittelgroße und große Hände, erlaubt er ein gutes Beherrschen der Waffe im Rückstoß auch mit feuchten Händen.

2005 legte Taurus das Modell »Raging Judge Magnum« mit 6½-Zoll-Lauf nach, ebenfalls eingerichtet für die .454 Casull, aber mit der zusätzlichen Möglichkeit, .410er-Schrotpatronen zu verschießen. Die neueste Entwicklung bei Taurus für die .454 Casull stellt der speziell als Jagdrevolver gedachte »Raging Hunter« mit Fünf-Schuss-Trommel sowie eckiger Laufhülse dar. Letztere ist oben als Picatinny-Schiene ausgebildet, um auf einfache Weise ein Zielfernrohr oder Rotpunktvisier montieren zu können. Technisch entspricht der »Raging Hunter« weitgehend dem »Raging Bull«, auch er erhielt eine doppelte Trommelverriegelung.

Mit den Modellen von Ruger und Taurus stehen preisgünstige Revolver für die Patrone

.454 Casull zur Verfügung. Auch Magnum Research richtet den BFR-Revolver für die .454 Casull ein. Natürlich geht es auch ganz edel, wie es die deutschen JTL-Revolver von Janz zeigen; auch sie gibt es in .454 Casull. Nur Smith & Wesson ließ die Finger von der .454 Casull. Hier entwickelte man lieber die .460 S&W, eine nochmals verlängerte .454 Casull. Aus Smith & Wesson-Revolvern Kaliber .460 S&W lassen sich auch Patronen .454 Casull verschießen. Dazu mehr im Abschnitt über die .460 S&W Magnum.

Es gibt natürlich auch Kipplaufpistolen für die .454 Casull, Neben Thompson/Center mit der »Contender« führt auch Freedom Arms ein entsprechendes Modell im Programm. Dem relativ großen Waffenangebot steht eine gute Patronenauswahl zur Seite.

Der Taurus »Raging Bull« in .454 Casull.

Das Munitionsangebot

Einer der großen Vorteile der .454 Casull gegenüber anderen Super-Magnums ist das relativ breite Angebot an Fabrikmunition. Auch wer seine Patronen nicht selbst lädt, kommt hier auf seine Kosten, was bei vielen anderen superstarken Magnumpatronen nicht der Fall ist. Die Leistung der .454 Casull ist beachtlich. Mit einer strammen Handladung lassen sich mit einem 270-grs-Geschoss satte 2700 Joule Mündungsenergie erreichen, was ohne Weiteres im Bereich von Büchsenpatronen liegt. Ein 300-grs-Geschoss verlässt den 7½–Lauf mit 500 m/sek. Solche Ladungen sollte man aber nur aus sehr stabilen Waffen wie dem Freedom Arms oder dem BFR verschießen. Zu bedenken gilt auch, dass sich solche Patronen nach beiden Seiten des Revolvers auswirken.

Fabrikmunition ist etwas verhaltener geladen. Magtech gibt für die Laborierung mit dem 260-grs-Geschoss eine Mündungsgeschwindigkeit von 548 m/sek und damit 2536 Joule an, was schon ziemlich heftig ist. Die Federal ist mit 411 m/sek beim 260-grs-Geschoss etwas zahmer geladen, Winchester und Magtech versprechen beim 260-grs-Geschoss ebenfalls 548 m/sek. Hornady gibt für die 240-grs-XTP eine V_0 von 579 m/sek. an, was beachtlichen 2609 Joule entspricht. Die 300-grs-XTP von Hornady kommt auf 503 m/sek und 2458 Joule. Leistung satt, auch wenn die tatsächliche »Power« aus einem Revolver durch den Luftspalt zwischen Lauf und Trommel etwas geringer ausfallen wird.

Bei der Jagd mit Kurzwaffen, aber auch beim Silhouettenschießen ist die Patrone .454 Casull heute wohl führend, was das Verhältnis von Aufwand und Leistung angeht. Mit Recht stellt sie eines der beliebtesten Super-Magnum-Kaliber dar: Aus einem etwa 1,5 kg schweren Revolver lässt sie sich noch gut beherrschen, sie bringt genügend Leistung für die Jagd auf Schalenwild, es gibt eine gute Auswahl an Serienwaffen aller Preisklassen, und eine ganze Menge der großen Munitionshersteller haben die Patrone im Programm.

.45-70 Government und .45 Silhouette

Die .45-70 Government wurde einst als Gewehrpatrone entwickelt. Ihre ballistische Leistung beeindruckt nach heutigen Maßstäben wenig, sofern sie aus einer Büchse verschossen wird. Von »Magnum« lässt sich da kaum mehr sprechen. Ganz anders sieht die Sache aus, wenn die alte Lady in der Trommel eines Revolvers steckt. Hier entwickelt sie locker die doppelte Leistung einer .44 Magnum.

Die .45 Silhouette (rechts) ist eine gekürzte .45-70 Government.

Die Geschichte der .45-70 reicht weit zurück. Ihr Vorgänger war die 1866 eingeführte .50-70-425, gedacht für die auf Hinterladung umgebauten Vorderlader-Gewehre Springfield »Allin Conversion 1866« und Springfield »1870 Carbine«. Da die dicke .50er außenballistisch nicht viel zu bieten hatte, suchte man bald nach einer kaliberkleineren Patrone mit flacherer Flugbahn. Der Auftrag zur Entwicklung ging an die staatliche Munitionsfabrik Frankford Arsenal in Pennsylvania. Ab 1873 produzierte das Arsenal dann die .45-70 als neu eingeführte Ordonnanzpatrone mit einer Schwarzpulverladung von 70 Grains. Bis zur Ablösung durch die .30-40 Krag im Jahr 1894 blieb sie die US-amerikanische Gewehr-Militärpatrone Nr. 1. Ihre vollständige Bezeichnung lautete ».45-70-405«, wobei ».45« (11,4 mm) den Geschossdurchmesser, »70« die Schwarzpulverladung in Grains und »405« das Geschossgewicht in Grains (26,2 g) angaben. Die leicht konischen Hülsen bestanden bis 1887 aus einer *Bloomfield's Gilding Metal* genannten Kupferlegierung. Ab 1888 wurden sie aus Messing hergestellt. Erhielten die ersten Patronen noch Berdan-Zündhütchen, so wurde ab 1882 auf Boxer-Zündung umgestellt, was das Wiederladen der Munition im Felde erlaubte. Gleichzeitig wurde für Infanteriegewehre anstelle des 405-grs- Rundkopfgeschosses ein schwereres 500-grs-Projektil eingeführt.

Wie alle US-Armeepatronen fand die .45-70 auch im zivilen Bereich Verwendung und erwarb sich einen guten Ruf als Jagdpatrone für alle in Nordamerika vorkommenden Wildarten. Große Waffenhersteller wie Sharps, Ruger, Winchester oder Marlin richteten Waffen für die .45-70 ein und tun es teilweise heute noch. Auch Munition wird immer noch in aller Welt produziert; heute natürlich mit rauchlosem Pulver geladen. Die noch vorhandenen alten Waffen limitieren die Patrone allerdings in ihrer Leistung, weshalb Fabrikpatronen sehr verhalten laboriert werden. Aus modernen Waffen, wie etwa der Blockbüchse Ruger No 1, ließen sich wesentlich höhere Leistungen erzielen, was viele Wiederlader auch umsetzen. Derartige Patronen Marke Eigenbau dürfen natürlich nie aus einer alten Sharps oder Winchester 86 verschossen werden.

BFR-Revolver von Magnum Research in .45/70.

Kurzwaffen für die .45-70 Government

Die zweite Karriere der dicken Randpatrone mit 54 mm langer Hülse begann, als Revolver und einschüssige Pistolen dafür eingerichtet wurden. Keine Frage, dass Thompson/Center einen Lauf in .45-70 für die »Contender« anbietet, und auch die Silhouetten-Pistole von Freedom Arms gibt es in .45-70. Wer einen Revolver bevorzugt, findet ihn im BFR von Magnum Research. Enthusiasten bauen *Custom*-Revolver, auch wenn die Patrone eine sehr lange Trommel erfordert. US-Jäger bevorzugen meist die einschüssige »Contender«. Sie erzielt eine beachtliche Präzision mit modernen Patronen, etwa von Hornady, und kommt auf eine Mündungsenergie von gut 2700 Joule. Aus einer Kurzwaffe mit etwa 1,5–2 kg Gewicht, der BFR wiegt sogar 2,4 kg, und gutem Griffstück lässt sich die .45-70 gut beherrschen. An Fabrikmunition, auch mit modernen Geschossen, steht eine gute Auswahl zur Verfügung. Eine mit progressivem Büchsenpulver laborierte Gewehrpatrone aus einer Kurzwaffe zu verschießen, ist aber alles andere als optimal und eine ziemliche Energieverschwendung, auch wenn die Leistung an sich nicht schlecht ist. Das haben Silhouetten-Schützen sehr schnell erkannt; bereits 1984 entwickelten Frank Barnes und Dick Smith aus der .45/70 die .45 Silhouette. Sie kürzten die Hülse der .45/70 von 2,1 Zoll auf 1,5 Zoll und luden die gekürzte Hülse mit offensiverem Pulver. Aus einem 10-Zoll-Lauf erreicht ein 300-grs-Geschoss 435 m/sek, was einer Mündungsenergie von über 1800 Joule entspricht. Die .45 Silhouette bleibt bislang allerdings eine reine Wiederladeangelegenheit und die Waffen dafür *Custom*-Anfertigungen. Heute ist die Patrone nicht mehr sehr gebräuchlich, weil sie im Leistungsbereich von Patronen wie der .454 Casull oder .475 Linebaugh liegt. Für die .45/70 Government stehen aber deutlich mehr Waffen zur Auswahl, und wer die Patrone selbst lädt, kann aus der langen Hülse mit modernen Pulvern eine beachtliche Leistung herauskitzeln. Damit spricht alles dafür, dass die alte US-Militärpatrone noch viele Jahre zu den Magnum-Standardkalibern zählen wird.

Eine fast identische Leistung weist eine weitere Patrone von Frank Barnes auf, die .458 x 1½ inch Barnes, eine gekürzte .458 Winchester Magnum. Barnes entwickelte sie als Silhouetten-Patrone für die Remington XP-100. Die .45 Silhouette zeigte sich als Randpatrone jedoch weitaus flexibler und besser für Kipplaufpistolen und Revolver geeignet als die Gürtelhülse der .458 x 1½ inch Barnes, für die nur wenige Zylinderverschluss-Pistolen wie die Remington XP-100 eingerichtet wurden.

.480 Ruger

Nicht die Waffenschmiede Ruger, wie der Name vermuten lässt, sondern die Munitionsfirma Hornady entwickelte diese Magnumpatrone im Jahre 2001. Als Vorbild diente die .475 Linebaugh, die ihrerseits aus der Hülse der Gewehrpatrone .45-70 Government hervorging. Nachteil der Linebaugh war ihre zu große und für normale Revolverrahmen überdimensionierte Hülsenlänge. Die.480 Ruger kann mit 32,5 mm Hülsenlänge wohl als verkürzte Version der .475 Linebaugh bezeichnet werden. Der Geschossdurchmesser ist mit .475 Dia identisch, auch wenn Ruger als Kaliberbezeichnung .480 angibt. Es stellt auch kein Problem dar, die .480 Ruger aus einem .475er-Linebaugh-Revolver zu verschießen, analog zur .44 Special aus einem .44-Magnum-Revolver.

Die .480 Ruger ist eine verkürzte Version der .475 Linebaugh und weist trotz ihrer Bezeichnung ».480« einen identischen .475er-Geschossdurchmesser auf

Die Neuschöpfung passt für die Rahmengröße aller gängigen .44-Magnum-Revolver. Als erstes Modell richtete Ruger den »Super Redhawk« für sie ein, 2015 folgte der *Single Action*-Revolver »Bisley Super Blackhawk«. Hornady lädt die .480 Ruger mit 21 g schwe-

Als erstes Modell richtete Ruger den »Super Redhawk« für die Patrone ein.

»Super Redhawk« mit kürzerem Lauf.

ren Teilmantelgeschossen, die den Lauf mit 411 m/sek verlassen, was einer Mündungsenergie von 1779 Joule entspricht. Eine .44 Magnum wird damit deutlich übertroffen. Die .480 Ruger hat etwa die 1,5-fache Mündungsenergie einer .44 Magnum bei etwa dem halben Rückstoß der .454 Casull. Casull-Liebhabern entlockt dies freilich nur ein müdes Lächeln. Bemerkenswert an der neuen Patrone ist aber, dass sie diese Leistung bereits bei einem Gasdruck von 2400 bar erreicht. Ohne Frage schießt sich die .480 Ruger deutlich angenehmer als die .454 Casull.

Neben Ruger mit dem »Super Redhawk« und dem »Bisley Blackhawk«, der ebenfalls für die .480 Ruger eingerichtet wurde, nahm auch Taurus die neue Patrone sofort ins Programm. Die Brasilianer bieten ihren »Raging Bull« in diesem Kaliber an.

Beim »Super Redhawk« handelt es sich um einen ziemlich gewichtigen Spannabzugs-Revolver, der mit dem Schlosswerk der Modellreihe GP-100 arbeitet. Der gesamte Schlossmechanismus ist mit dem Abzugsbügel verbunden, lässt sich einfach herausnehmen und leicht reinigen. Nur bei durchgezogenem Abzug kann der Hahn den separat im Rahmen gelagerten Schlagbolzen erreichen. Ruger-Revolver macht dies weitgehend fallsicher. Auch die Trommelverriegelung der fünfschüssigen Trommel ist unkonventionell. Nicht die Trommelachse verriegelt, sondern eine kleine, gefederte Klinke im Kran, die beim Einschwenken der Trommel in eine Einfräsung am vorderen Rahmensteg eingreift. Zum Ausschwenken der Trommel betätigt der Schütze einen Drücker am linken Stoßbodenschild. Einen Griffrahmen im üblichen Sinne sucht man beim Ruger vergeblich. Es ist lediglich ein kurzer Griffstummel vorhanden, in den die Hahnfeder auf einer Federführungsstange integriert ist. Der einteilige Gummigriff mit Holzeinlagen wird aufgeschoben und verschraubt. Der Rahmen verfügt auf der Oberseite über Nuten für die Ruger-Zielfernrohrmontage. Hier lässt sich ein Zielfernrohr oder Rotpunktvisier direkt ohne zusätzliche Montageschiene anbringen. Vom »Super Red-

In die Trommel des »Super-Redhawk« passen fünf Schuss.

hawk« bietet Ruger, wie bereits erwähnt, auch eine »Alaskan« genannte Taschenversion mit 2½-Zoll-Lauf an. Ob so etwas sinnvoll ist, mag jeder selbst beurteilen.

Den »Raging Bull« entwickelte Taurus für die .454 Casull – insofern hat er keine Probleme, die schwächere .480 Ruger zu verdauen. Bei der Trommelkapazität beschränkte sich auch der »Raging Bull« auf fünf Schuss. Damit ist die Feuerkraft zwar geringer, doch die Wandungen der Trommel sind viel stabiler. Für die .454 Casull sicher notwendig, doch für die .480 Ruger etwas überdimensioniert. Das Schlosswerk entspricht dem üblichen Taurus-Schloss und lässt sich mit einem Schlüssel über eine Welle im Hahnrücken absperren. Der Lauf verfügt über einen Kompensator mit acht im Winkel von 45 Grad nach oben gerichteten Kompensator-Bohrungen links und rechts des Korns. Auch der Taurus erhielt einen angenehm weichen, einteiligen Gummigriff, der von unten über den Griffrahmen geschoben wird.

Die .480 Ruger ist eine ausgewogene Patrone: sie liefert viel Energie, ohne jedoch den Schützen mit dem Rückstoß größerer, hart tretender Patronen zu strafen. Eigentlich also eine ganz gute Entwicklung. Das Problem der .480 Ruger liegt eher darin, dass sie Freunde des wirklich harten »Kicks« um ihr Vergnügen bringt, sprich zu schlapp erscheint. Unter dem Strich reicht die .44 Magnum als leistungsstarke Gebrauchspatrone vollkommen aus, für sie gibt es überdies jede Menge Waffenmodelle und Munitionssorten. Für die .480 Ruger bauen hingegen nur Ruger und Taurus Waffen von der Stange. Das Munitionsangebot ist auch nicht gerade üppig.

Hornady bietet eine einzige Laborierung mit dem 325-grs-XTP- Geschoss an, Speer eine Laborierung mit dem 325-grs-Gold Dot und Federal eine Patrone mit bleifreiem 275-grs-Projektil »Barnes Expander«. Wiederlader brauchen hingegen nicht zu darben, denn .475er-Geschosse finden sich reichlich und Hülsen sind auch kein Problem. Eine große Zukunft wird der Ruger/Hornady- Entwicklung trotzdem kaum beschieden sein.

Vom »Super Redhawk« bietet Ruger auch eine »Alaskan« genannte Taschenausführung mit 2½-Zoll-Lauf an.

.460 Smith & Wesson Magnum

Als die Firma Smith & Wesson 2005 ihre neue Großkaliber-Revolverpatrone .460 Smith & Wesson Magnum vorstellte, brach sie damit gleich mehrere Rekorde. Mit einer Mündungsgeschwindigkeit von bis zu 710 m/sek (mit 200-grs-Geschoss) ist sie zum einen die schnellste fabrikmäßig angebotene Revolverpatrone weltweit. Zum anderen setzte sie sich mit über 3100 Joule Mündungsenergie als leistungsstärkste Kurzwaffenpatrone auch an die Spitze der Kalibergruppe .45. Aus Waffen Kaliber .460 S&W Magnum lassen sich des Weiteren kalibergleiche Patronen mit kürzerer

Die .460 S&W ist die schnellste fabrikmäßig angebotene Revolverpatrone weltweit.

Hülse wie die .454 Casull oder .45 Long Colt verschießen. Damit hat Smith & Wesson wieder Meilensteine gesetzt.

Im Prinzip ist die .460 S&W Magnum nichts anderes als eine verlängerte .454 Casull. Gegenüber der Hülsenlänge von 35,13 mm hat die S&W mit 45,72 mm eine erheblich längere Hülse und damit auch deutlich mehr Pulverraum. Vom klassischen Magnumpulver

Aus einem .460-S&W-Revolver lassen sich auch die Patronen .454 Casull und .45 Long Colt verschießen.

Hogdgon H110 passen bei Einhaltung der maximalen Patronenlänge hinter ein 185-grs-Barnes-Geschoss XPB lediglich 34 grs in die .454-Casull-, aber satte 50,5 grs in die .460er Hülse (keine Ladungsangabe). Es können Geschossgewichte von 200 bis 400 grs verwendet werden. Bei der Entwicklung hatte S&W jedoch vornehmlich die leichten Geschosse im Blick, weil die Patrone hauptsächlich für die Jagd mit Kurzwaffen gedacht war und eine möglichst hohe Rasanz erreichen sollte. Dieses Ziel erreichte die .460er mit Leichtigkeit. Zur weiteren »Unterbauung« ließ S&W noch spezielle Geschosse entwickeln und verzichtete auf die sonst üblichen Flachkopf- oder Hohlspitzgeschosse, die für eine flache Flugbahn nicht optimal sind. Die rasanten Jagdlaborierungen der Fabrikmunition verwenden das 200-grs-Barnes XTB oder das 200-grs-Hornady SST. Mit dem Gasdruck war man ebenfalls nicht knauserig und legte die Patrone für 4400 bar aus. Die S&W-Verlängerung der .454-Casull-Hülse um gut 10 mm ging Freedom Arms natürlich gegen den Strich. Im Gegenzug verkürzte man dort die Hülse der

Smith & Wesson X-Frame-Revolver.

.500 S&W etwas, brachte statt eines Randes einen Gürtel an und stellte die Patrone als .50 Wyoming Express vor. Das Ende der Fahnenstange beim »Wettrüsten« ist noch lange nicht erreicht.

Der Smith & Wesson X-Frame-Revolver

Möglich machte die Entwicklung der .460 S&W jener Smith & Wesson-Revolver mit X-Rahmen, der für die .500 Smith & Wesson Magnum entwickelt wurde (siehe nächstes Kapitel). Er besitzt nicht nur die nötige Rahmenstabilität, sondern auch die Trommellänge zur Aufnahme der langen Hülse. Der für die .460 S&W ausgelegte Revolver trägt die Modellbezeichnung 460 XVR, wobei die drei Buchstaben für *X-treme Velocity Revolver* – also Revolver mit extremer Geschossgeschwindigkeit – stehen. Das Ausstoßergehäuse des 8⅜-Zoll-Laufs der über 2 kg schweren Handkanone reicht bis zur Mündung. Die eigentliche Lauflänge misst aber »nur« 7½ Zoll, denn der Revolver erhielt serienmäßig eine Mündungsbremse. Zum Lieferumfang gehören gleich zwei auswechselbare Kompensator-Aufsätze. Der Wechsel ist einfach. Auf der Stirnseite des Ausstoßergehäuses muss nur eine Inbusschraube gelöst werden, die den Kompensator festlegt. Dann

Jagdrevolver in .460 S&W aus dem S&W Performance Center.

lässt sich der Mündungsaufsatz um 90 Grad drehen und nach vorn abziehen. Befestigt ist er mit drei Verriegelungswarzen. Der kürzere Kompensator weist jeweils drei Öffnungen auf beiden Seiten auf, der längere nur eine einzige größere Queröffnung auf der Oberseite. Die kurze Mündungsbremse mit engerem Durchlass ist für Mantelgeschosse gedacht, der längere und weiter gebohrte Aufsatz für

Kurzläufiger .460er von Smith & Wesson.

Bleigeschosse. Die Schlosstechnik und der weiche Hogue-Gummigriff entsprechen dem .500er-S&W-Revolver. Der .460 XVR besitzt ebenfalls die doppelte Trommelverriegelung im Stoßboden und eine federbelastete Kugel, die in eine entsprechende Ausfräsung im Trommelkran eintritt. Die Wahl fiel nicht von ungefähr auf einen weichen Gummigriff; man sollte nicht auf die Idee kommen, ihn aus optischen Gründen gegen einen Holzgriff auszuwechseln. Der Rahmen weist oben Bohrungen zur Montage eines Kurzwaffen-Zielfernrohrs auf.

Außer Smith & Wesson mit dem .460 XVR richtete 2021 auch Taurus seinen »Raging Hunter« für die lange .45er-Patrone ein. BFR folgte mit einem weiteren Revolver. Da diese Firmen ohnehin Modelle mit genügend langer Trommel im Programm führen, konnten sie sofort reagieren. Taurus hat gleich drei Ausführungen mit 5⅛, 6¾ und 8⅜ Zoll Lauflänge anzubieten. Technisch entspricht der .460er der »Raging Hunter«-Baureihe in .454 Casull und .44 Magnum und verfügt desgleichen über das massive Laufgehäuse mit der integral gefertigten Picatinny-Schiene zur Zielfernrohr-Montage. Die fünfschüssige Waffe wiegt mit langem Lauf 1860 g. Auch hier gehört eine Mündungsbremse zur werksmäßigen Ausstattung, allerdings fest und nicht abnehmbar.

Der Smith & Wesson Custom Shop baut spezielle Versionen des XVR für die Jagd. Diese Modelle fanden unter amerikanischen Jägern rasch zahlreiche Freunde. Auch vom deutschen Edel-Revolverhersteller Janz ist ein .460er zu bekommen.

Wiederlader der .460 S&W sollten darauf achten, genügend stabile Geschosse zu verwenden. Zum Scheibenlochen genügen natürlich ordinäre Teilmantel-Flachkopfgeschosse. Wer aber die Zielenergie der starken Patrone sinnvoll umsetzten möchte, etwa bei einem Jagdeinsatz im Ausland, sollte Geschosse verwenden, die auch die nötige Tiefenwirkung erzielen. Nicht von ungefähr haben Hersteller wie Hornady oder Barnes spezielle Geschosse für die .460 S&W entwickelt. Auch die thermisch gehärteten Fließbleigeschosse von Cast Performance (CP) gelten als gute Wahl. Ihre fast Vollwadcutter-Form ist allerdings nicht ideal für Weitschüsse. Für die Jagd auf dünnhäutiges Wild auf weite Distanz sind Spitzgeschosse im Vorteil. Um einen Kaffernbüffel auf Kurzdistanz zu erlegen, würde der Autor aber eher auf ein schweres Cast-Projektil setzen.

.500 Smith & Wesson Magnum

1955 brachten Smith & Wesson und Remington mit der .44 Magnum die damals stärkste Kurzwaffenpatrone der Welt heraus. Im Jahr 2003 gelang dies S&W mit der .500 Smith & Wesson Magnum ein zweites Mal. Der zeitgleich auf den Markt gebrachte Revolver erhielt die Bezeichnung »Modell 500«. Mit der .500 S&W übertraf Smith & Wesson die bis dahin stärkste Revolverpatrone .500 Maximum, besser bekannt als .500 Linebaugh, um gut 500 Joule. Die Mündungsenergie der .500 S&W beträgt 3500 Joule, womit sie locker um den Faktor 3 über der .44 Magnum liegt. Handlaborierungen aus langläufigen *Custom*-Revolvern sollen bereits die 4000-Joule-Grenze geknackt haben.

Die neue Patrone hatte Smith & Wesson in Zusammenarbeit mit dem US-Munitionshersteller CorBon entwickelt, bekannt für langjährige Erfahrung auf dem Feld exotischer Patronen. In die 41 mm lange zylindrische Hülse der .500 S&W lassen sich die herkömmlichen .50er-Kurzwaffengeschosse (12,7 mm) verladen, wie sie auch Patronen wie die .50 Action

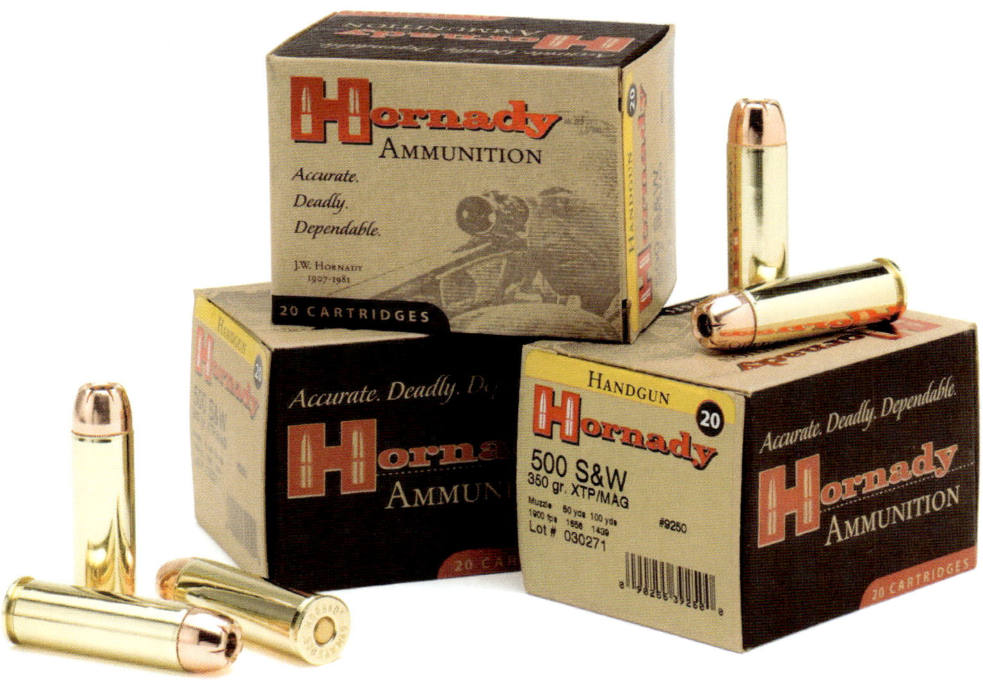

Die Mündungsenergie der .500 S&W beträgt 3500 Joule.

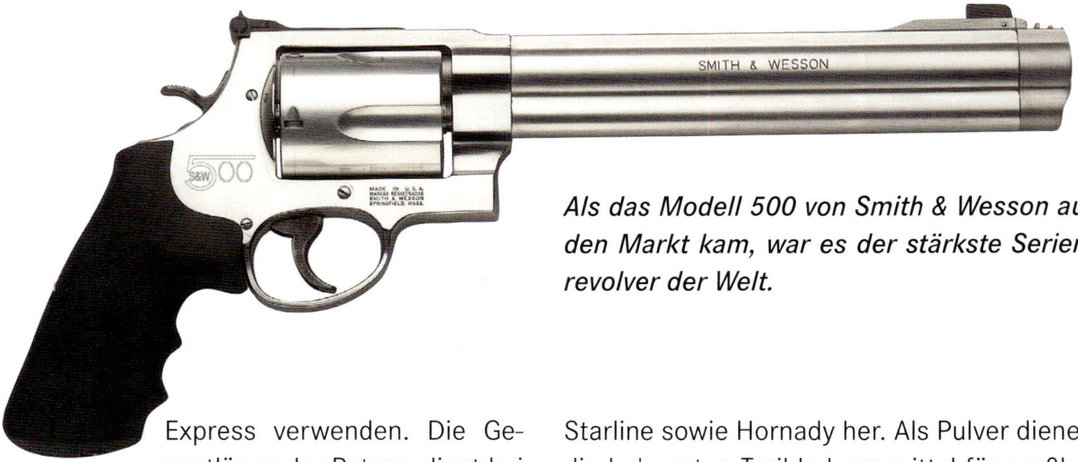

Als das Modell 500 von Smith & Wesson auf den Markt kam, war es der stärkste Serienrevolver der Welt.

Express verwenden. Die Gesamtlänge der Patrone liegt bei 53 mm; der maximale Gasdruck bei 3950 bar. Die .500 S&W stellt aber keinesfalls nur eine verlängerte und beränderte .50 AE dar. Die Patrone lässt sich nicht mit dem Matrizensatz der .50 AE wiederladen, allenfalls halskalibrieren ginge zur Not. Der Matrizensatz von RCBS liegt aber in der preisgünstigen Kalibergruppe B.

CorBon brachte gleich drei Laborierungen auf den Markt: mit Barnes X-Kupfergeschoss 275 grs, mit Hawk-Softpoint-Geschoss 400 grs und mit 440-grs-Hartbleigeschoss von HC-Cast-Performance. CorBon-Munition ist aber in Deutschland nur sehr schwer erhältlich. Bevor aber selbst US-Schützen in den Genuss von Fabrikmunition großer Hersteller mit CIP-Zulassung kamen, dauerte es allerdings seine Zeit. Erst über ein Jahr nach Vorstellung der .500 S&W Magnum kamen dann Patronen von CBC, MagTech und noch etwas später von Hornady. Heute steht dem Besitzer eines Magnum-Revolvers .500 S&W eine breite Palette an Fabrikmunition mit verschiedenen Geschossgewichten zur Auswahl. Die meisten Schützen werden angesichts der Munitionspreise ihre Patronen jedoch wohl selbst laden, was an sich kein Problem darstellt. Geschosse gibt es genügend und Hülsen stellen Starline sowie Hornady her. Als Pulver dienen die bekannten Treibladungsmittel für großkalibrige Magnumpatronen wie etwa Hodgdon H110.

Waffen im Kaliber .500 S&W Magnum

Als das S&W Modell 500 auf dem Markt erschien, war es der stärkste Serienrevolver der Welt. Seinen Entwicklern war schnell klar geworden, dass keine der bisher verwendeten Rahmengrößen ausreichten. Daher schufen sie einen komplett neuen Rahmen namens »X-Frame«. Das »X« leiteten sie wohl von »X-trem« oder »X-tra Large« ab. Das Modell 500 ist ein gewaltiges Trumm, wirkt aber durch die passend zum Rahmen dimensionierte Trommel und den wuchtigen Lauf noch harmonisch. Bei der Griffgröße hielt man sich zum Glück zurück und orientierte sich am alten K/L-Rahmen. Man hätte natürlich auch den größeren N-Griff nehmen können. Soll jedoch ein rundum geschlossener Gummigriff montiert werden, was sich bei diesem Kaliber dringend empfiehlt, stellt der kleinere Rahmen die bessere Wahl dar. Außerdem bot und bietet der Markt eine riesige Auswahl an Griffschalen. S&W montierte den Sorbathane-Griff von Hogue. Er besteht aus einem Laminat verschieden harter Gummisorten, so dass sich die Dämpfungswirkung an den entschei-

Kurzläufiger Smith & Wesson für die gewaltige .500er-Patrone.

denden Stellen gut abstimmt. Besonders in der empfindlichen Beuge zwischen Daumen und Zeigefinger ist der Griff weich gepolstert. Die 48,5 mm durchmessende Trommel nimmt nur fünf Patronen auf, so dass die Trommelwände reichlich stark blieben. Die minimale Wandstärke im Bereich des Patronenlagers liegt bei 2,5 mm. Für die starke Patrone entwickelte S&W eine neue Trommelarretierung mit zusätzlicher Verriegelung auf der Rahmenvorderseite. Die dort angebrachte gefederte Kugel greift in eine Ausnehmung am Kran ein. Zum Öffnen der Trommel benötigt man mehr Kraft als gewohnt, die Arretierung sitzt ziemlich stramm. Das erste Modell 500 kam mit 8⅜-Zoll-Lauf, mündungslangem Ausstoßergehäuse und einer weiteren Neuheit: Erstmals in ihrer langen Geschichte fertigte die Firma Smith & Wesson einen zweiteiligen Lauf. Der Laufmantel besteht aus rostträgem Edelstahl, darin eingezogen der eigentliche Lauf aus Kohlenstoffstahl. S&W wollte hier die Vorteile des Kohlenstoffstahls bezüglich Festigkeit und Elastizität ausnutzen. Der Lauf erhielt serienmäßig einen effektiven Kompensator, der den Hochschlag spürbar verringert. Der 380 mm lange und 2055 g schwere Revolver schießt sich gar nicht so heftig, wie man annehmen könnte. Wer mit einem .454 Casull zurechtkommt, der natürlich leichter ist und keinen Kompensator besitzt, wird auch das Modell 500 beherrschen. Das Smith & Wesson Performance Center bietet eine Jagdausführung mit 10½-Zoll-Lauf und Weaverschiene zur Zielfernrohrmontage an. Wer es richtig krachen lassen will, bekommt mittlerweile auch das Modell 500 S (*short*) mit kurzem 4-Zoll-Lauf.

Auch Taurus sprang auf den .500er-Zug auf und richtete den »Raging Bull« für die .500 S&W ein. In den Abmessungen entspricht der Taurus dem S&W fast genau. Auch er erhielt eine fünfschüssige Trommel sowie einen 8⅜-Zoll-Lauf mit integrierter Mündungsbremse und langem Ausstoßergehäuse. Das Gewicht liegt bei etwas über 2 kg. Kurzzeitig baute Taurus auch eine Ausführung mit

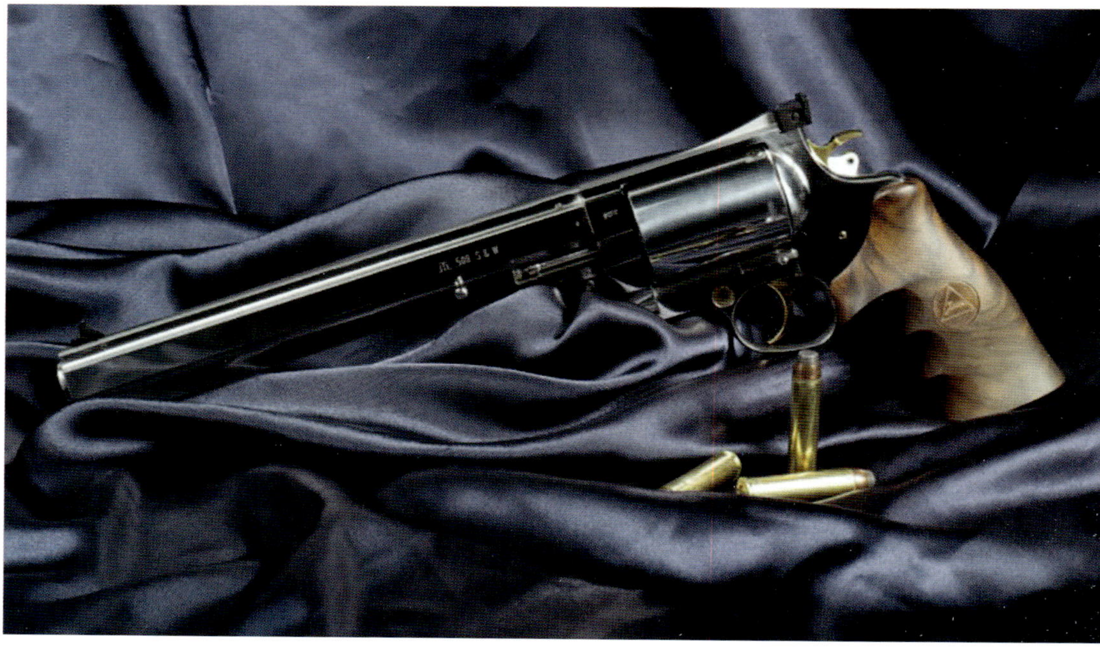

Langläufiges Jagdrevolver-Modell des deutschen Revolverbauers Janz im Kaliber .500 Smith & Wesson Magnum.

10-Zoll-Lauf; für die »ganz Harten« bieten die Brasilianer außerdem eine 4-Zoll-Version an. Keine Frage, dass auch BFR die .500 Magnum ins Programm nahm. Und wer es edel möchte, bekommt vom deutschen Revolverbauer Janz ebenfalls einen .500er Magnum.

Konzipiert wurde die .500 S&W als Patrone für die Jagd mit Kurzwaffen. Damit lässt sich auch schwerstes Wild erlegen. Die etwas kleinere, aber dafür rasantere .460 S&W ist bei Kurzwaffenjägern in den USA allerdings beliebter: sie weist nur etwa 400 Joule weniger Mündungsenergie, aber eine wesentlich flachere Flugbahn auf. Alles in allen stehen mit den vorgestellten Modellen von Smith & Wesson und Taurus für die starke 500er-Patrone relativ preisgünstige Revolver zur Verfügung, so dass der Spaß an »wirklicher Magnumpower« hier erschwinglich bleibt.

Jagdrevolver aus dem S&W Performance Center

.45 Winchester Magnum

Die .45 Winchester Magnum, eine randlose .45er-Patrone für Selbstladepistolen, gleicht äußerlich einer verlängerten .45 ACP. Sie weist die nahezu identischen Abmessungen der .45 NAACO (North American Arms Corporation) auf, die nach dem 2. Weltkrieg für die kanadischen Streitkräfte entwickelt worden war. Die dazu gehörige »Brigadier«-Pistole von NAAC wurde aber nie als Militärwaffe eingeführt und die .45 NAACO geriet schnell in Vergessenheit. Was die Stärke der Hülse betrifft, lässt sich die .45 Win. Mag. aber

Die .45 Winchester Magnum ist deutlich länger als die .45 ACP.

Lediglich zwei Selbstladepistolen wurden für die Patrone .45 Win. Mag. eingerichtet, darunter die „Wildey" von Wildey J. Moore

»Wildey«-Pistole in .45 Win. Mag.

keinesfalls mit der .45 ACP vergleichen. Sie erhielt eine deutlich dickere Wandstärke, um dem höheren Druck von 3000 bar standzuhalten. Die Hülse ist 30,4 mm lang und wird mit herkömmlichen .45er-Geschossen .452 DIA versorgt. Das Innenvolumen der dickwandigen Hülse beträgt 2,5 cm³ H_2O. Die 230-grs-Standardlaborierung erreicht aus einem 10-Zoll-Lauf eine Mündungsgeschwindigkeit von 470 m/sek und eine Mündungsenergie von 1670 Joule. Verglichen mit den 480 Joule einer .45 ACP bringt es die .45 Win. Mag. auf mehr als die dreifache Stärke und darf sich zu Recht als »Magnum« bezeichnen. Winchester begann 1977 mit der Konstruktion der Patrone und brachte sie zwei Jahre später auf den Markt. Sie blieb bis 1990 im Programm. Neben Winchester stellten hauptsächlich kleinere US-Munitionshersteller wie Underwood, LAX-Ammo oder Buffalo Bore die .45 Win. Mag. her. Hülsen für Wiederlader gab es außer von Winchester auch von Starline. Die meisten Wiederlader stellten die Hülsen aber aus gekürzten Gewehrhülsen .308 Win oder .30-06 selbst her. Nach dem Kürzen auf 30,4 mm müssen die Hülsen innen noch auf die passende Wandstärke ausgedreht werden.

»Grizzly«-Pistole in .45 Win. Mag.

Waffen für die .45 Win. Mag.

Das Waffenangebot für die .45 Win. Mag. blieb überschaubar. An Selbstladepistolen, für die die Patrone ursprünglich ja konstruiert worden war, gibt es nur zwei Modelle, die LAR »Grizzly« und die »Wildey«. Freedom Arms bot für den *Single Action*-Revolver Mod. 83 eine Wechseltrommel an. Thompson/Center baute entsprechend einen .45er-Lauf für die »Contender«. Die »Contender« in .45 Win. Mag. erfreute sich bei Silhouetten-Schützen sogar ziemlicher Beliebtheit.

Die .45 Win. Mag.-Pistole »Grizzly« wurde in den 1980er-Jahren von Perry Arnett entwickelt, der die Rechte dann an Heinz Augat übertrug, den Gründer von LAR Manufacturing Inc. Die LAR »Grizzly« Mark I stellte eine modifizierte Colt M1911 A1 dar, eingerichtet für die große, leistungsstarke Patrone. Den ursprünglichen Prototyp stellte Perry Arnett aus zwei Colt-M1911-Rahmen und Schlitten her, die er asymmetrisch teilte und verschweißte. Bei den später von LAR produzierten Pistolen wurden die Hauptteile dann aus einem Stück gefräst. Die meisten Kleinteile ließen sich mit denen der Standardpistolen Typ Colt M1911 anderer Hersteller austauschen. Für die »Grizzly« Mark I bot LAR verschiedene Wechselsysteme in den Kalibern .45 ACP, 10 mm Auto und .357 Magnum an. Die Mark IV gab es auch in .44 Magnum; die Mark V in .50 AE und in .375-45 GWM (*Wildcat*-Patrone). Die Standardmodelle erhielten einen 5½-Zoll-Schlitten und meist einen 6½-Zoll-Lauf, der einen Zoll über den Schlitten hinausragte. Pistolen mit kürzerem 5½-Zoll-Lauf bildeten eher Ausnahmen. Sondermodelle mit 8- und 10-Zoll-Läufen bot LAR als Jagdpistolen und für Silhouetten-Wettbewerbe an. Grundsätzlich fasste das Magazin sechs Patronen .45 Win. Mag. Die »Grizzly« schoss sich durch das hohe Schlittengewicht und die starke Schließfeder noch sehr angenehm. Aufgrund der konventionellen Rückstoßladetechnik verdaute die »Grizzly« auch Bleigeschosse, die bei Gasdruckladern wie der »Wildey« oder der »Desert Eagle« gern die Gasbohrungen verstopften. Zwischen 1983 und 1999 fertigte LAR ungefähr 15.000 Pistolen; alle sehr gut verarbeitet und präzise.

Wildey J. Moore stellte seine »Wildey«-Pistole 1979 vor. Aus rostträgem Stahl gefertigt, besticht sie durch eine sehr saubere und passgenaue Verarbeitung. Mit 10-Zoll-Lauf und 1970 g Gewicht erinnert die gewaltige Pistole an die Verbindung eines Colt-M1911-Griffstücks mit einem Auto-Mag-Oberteil. Wildey bot bzw. bietet die Pistole mit 5, 6, 7, 8, 10 und 12 Zoll langen Läufen an. Bei dem großen Oberbau und dem breiten Griffstück wirkt sie mit dem langen 10-Zoll-Lauf am ausgewogensten. Es handelt sich um einen Gasdrucklader, bei dem eine röhrenförmige Verlängerung den feststehenden Lauf mit dem Verschlussgehäuse verbindet. Darin ist der Zylinderverschluss mit den Verriegelungswarzen und dem Steuerstück untergebracht. Der Lauf weist sechs Bohrungen auf, durch die beim Schuss Pulvergase für die Selbstladefunktion abgezapft werden. Die Verriegelung erfolgt über einen zwangsgesteuerten Drehkopfverschluss mit zwei großen Warzen. Die abgezapfte Gasmenge lässt sich steuern, um die Selbstladefunktion der jeweiligen Patronen-Laborierung anzupassen. Dazu verfügt der Lauf über eine bewegliche Hülse, die sich nach hinten schrauben lässt und dann eine oder mehrere Gasbohrungen verdeckt. Bei schwachen Patronen bleiben alle Bohrungen offen, bei stärkeren wird die für eine sichere Funktion benötigte Anzahl verschlossen. Wer ohne Selbstladefunktion schießen möchte, deckt alle sechs Bohrungen ab. Das Griffstück, ein massives Feingussteil, verfügt über einen gähnend großen Magazinschacht, der für das einreihige, sieben Patronen .45 Win. Mag. fassende Magazin eigentlich unnötig breit ausfiel. In der Konstruktionsphase war allerdings auch ein Modell Kaliber 9 mm Magnum mit doppelreihigem Magazin für 15 Patronen angedacht. Unter dem Abzugsbügel misst der Griffstück-Umfang 154 mm, unten sogar 168 mm. Um die Pistole im Schuss sicher zu halten, sollte der Schütze also über entsprechend große Hände verfügen. Die »Wildey« erhielt als erste Pistole mit Gasdrucksystem einen Spannabzug. Das Abzugsgewicht liegt bei strammen 4,5 kg; bei vorgespanntem Hahn bei immer noch über 2 kg.

Der 10-Zoll-Lauf bietet eine komfortable, 330 mm lange Visierlinie. Die Rechteckkimme mit geschwärztem Visierblatt lässt sich nach Höhe und Seite verstellen. Zusammen mit dem Balkenkorn eine gute Visierung für präzise Schüsse. Die originale Winchester-Laborierung mit 230-grs-Geschoss, verschossen aus einer Testwaffe mit 10-Zoll-Lauf, erbrachte 460 m/sek und damit 1577 Joule. Die von Winchester angegebenen 470 m/sek und 1670 Joule sind also keineswegs überzogen. Damit stellt die potente .45er eine sehr interessante Patrone für das Silhouettenschießen und die Jagd mit Kurzwaffen dar. Sie wird aber eine Rarität bleiben, weil nur zwei Pistolenmodelle für sie gefertigt wurden. Diese gelten heute als Sammlerwaffen, obwohl sich die »Wildey«-Pistole noch in Produktion befindet. Gesundheitsprobleme des Gründers Wildey J. Moore führten zusammen mit einer Reihe von rechtlichen Zänkereien mit dem Hauptaktionär des Unternehmens dazu, dass die Wildey FA Inc. in Warren/Connecticut die Produktion 2011 einstellte. Im August 2015 übernahm die USA Firearms Corporation die Rechte und begann 2016 mit der Fertigung des neuen Wildey-Modells »Survivor«. Die ersten Waffen kamen 2017 auf den Markt. Der Preis liegt in den USA bei etwa 3000 US-Dollar. Bei einem Export nach Europa dürften Käufer sicher deutlich mehr berappen müssen.

.50 Action Express

Die Bob Olsen Laboratories entwickelten Anfang der 1990er-Jahre die Patrone .50 Action Express, die sich vor allem als »Futter« für die Riesen-Selbstladepistole IMI »Desert Eagle« einen Namen machte. Der Patronenboden entspricht dem der .44 Magnum. Das ermöglicht es, die Patrone nur durch Austausch des Laufes aus einer für die .44 Magnum eingerichteten »Desert Eagle« zu verschießen. Aus einer »Desert Eagle« mit 152-mm-Lauf liegt die Mündungsgeschwindigkeit eines 300-grs-Geschosses bei 400 m/sek und entwickelt

Die .50 Action Express (Mitte) neben der .500 Smith & Wesson (links) und einer gekürzten .500 S&W (rechts). So entsteht eine Randpatrone für Revolver.

Richtet man einen handlichen Revolver für die .50 AE ein, entsteht eine kompakte und führige Fangschuss- und Verteidigungswaffe.

»Desert Eagle« im Kaliber .50 Action Express.

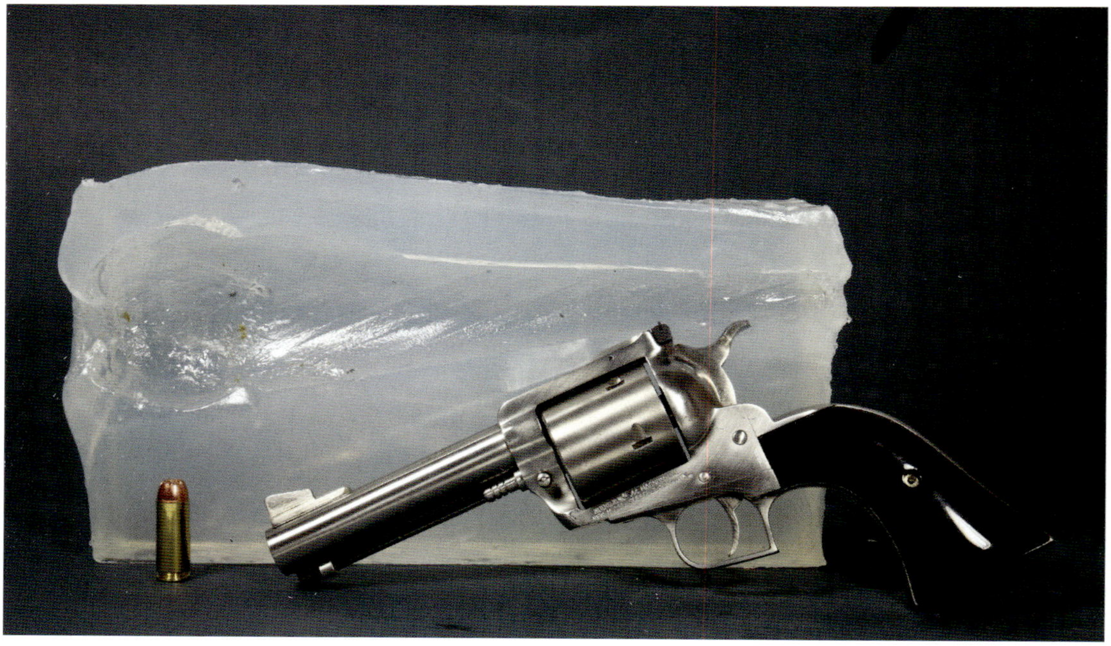

Bei noch angenehmen Rückstoß ist die Wirkung der .50 Action Express beachtlich, wie hier am Seifenblock zu sehen.

Vergoldete und mit Tigerstreifen versehene „Desert Eagle“ in .50 Action Express.

Rostträge Ausführung der „Desert Eagle" in .50 AE mit Picatinnyschiene, Zielfernrohr und Kompensator, ausgestattet nach Kundenwunsch.

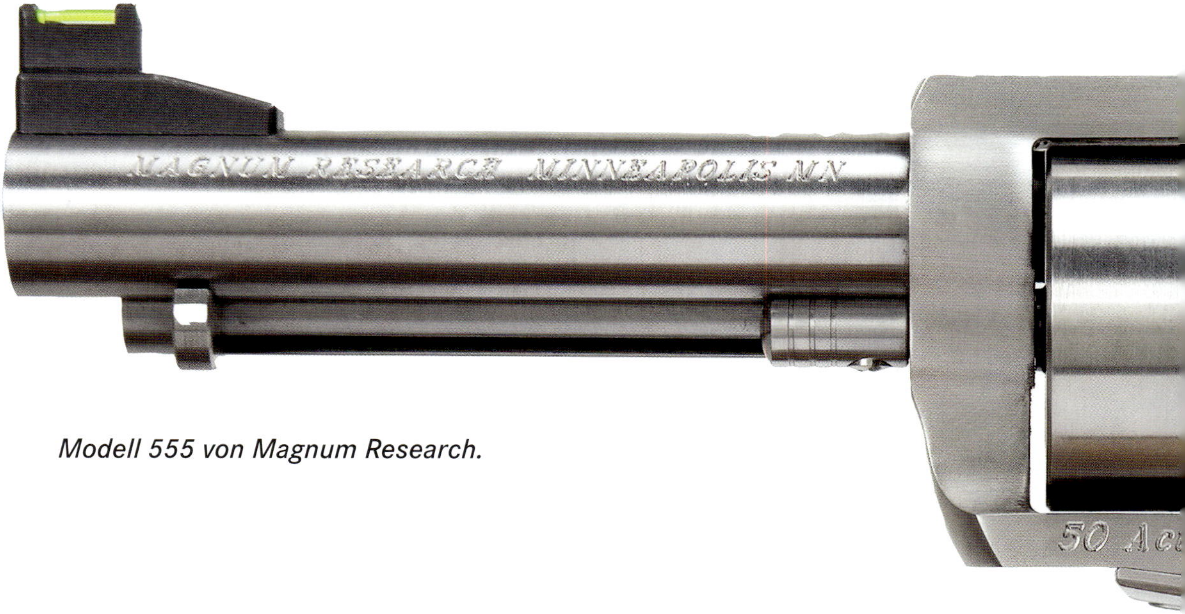

Modell 555 von Magnum Research.

eine Mündungsenergie von etwa 1600 Joule. Dies macht die .50 Action Express zur derzeit (2025) stärksten fabrikmäßig hergestellten Patrone für Selbstladepistolen auf dem Weltmarkt. Ihre Leistung wurde (bei Faustfeuerwaffen) nur von einigen Revolverpatronen wie der .454 Casull oder der .500 S&W übertroffen. Die .50 AE kommt zwar, was die Mündungsenergie betrifft, nicht an »Super Magnums« wie .454 Casull oder .475 und .500 Linebaugh heran, entwickelt aber bei beeindruckender Stoppwirkung einen wesentlich geringeren Rückstoß. Eine .454 Casull erreicht zwar höhere Werte auf dem Papier. Legt man jedoch den so genannten *Taylor-Knock-Out-Faktor* (TK) zu Grunde, hat die dicke .50 AE eindeutig die Nase vorn und lässt bei gleicher Geschossmasse die Casull deutlich hinter sich. Neben der »Desert Eagle« verschießt mit der LAR »Grizzly« Mark V eine weitere Selbstladepistole die .50 AE. LAR entwickelte die »Grizzly« ursprünglich für die .45 Win. Mag. (siehe dort) und brachte dann die verstärkte Mark V heraus, um mit der »Desert Eagle« zu konkurrieren. Die »Grizzly« Mark V ist aber eher selten zu finden.

Serienmäßig gibt es .50-AE-Revolver von Freedom Arms (Modell 555) und Magnum Research (BFR). Auch Ruger baute den »Super Blackhawk« zeitweise in .50 AE. Dass es einen »Contender«-Lauf in diesem Kaliber gibt, baucht kaum extra erwähnt zu werden. Handlich sind diese Modelle aber nicht, sondern große und schwere Trümmer. Richtet man einen kurzläufigen 5-Schuss-Revolver für die dicke .50er-»Pille« ein, entsteht eine wirklich interessante Waffe. Sie lässt sich mit etwas Aufwand als »Custom-Gun« bauen. In den USA ein beliebtes Betätigungsfeld kundiger Büchsenmacher; dort gibt es auch einen gut bestückten Teilemarkt, wo sich etwa Revolvertrommeln, Umrüstsätze für das Schlosswerk oder Läufe finden lassen.

So bietet etwa Borchards aus Silver City/New Mexico 5-Schuss-Trommeln in verschiedenen Kalibern und auch als Rohlinge an. Beliebteste Ausgangsbasis bilden die Ruger *Single Action*-Modelle, die sich mit ihren sehr stabilen Rahmen für Umbauten bestens eignen. Phillips & Rogers in Huntsville/Texas produzierte bis 2003 einbaufertige 5-Schuss-Trommeln für den »Super Blackhawk« in .50 AE und passende Läufe dazu. Als erste Adresse für *Custom*-Revolver in den USA gilt die Firma Bowen Classic Arms in Louisville/Tennessee, die zahlreiche Umbausätze anbietet und deren Inhaber Hamilton S. Bowen sogar ein eigenes Buch *The Custom Revolver* über die schönsten Umbauten von Bowen Classic Guns verfasst hat. Allein das Betrachten der Bildergalerie auf der Website http://www.bowenclassicarms.com stellt einen wahren Genuss für Revolverliebhaber dar. Die randlose .50 AE aus einem Revolver zu verschießen, kann aber zu Problemen führen. Dabei sind zwei Dinge wichtig. Einmal muss die Hülsenlänge genau stimmen, denn die randlose Hülse stützt sich vorn in der Trommel an einem angedrehtem Absatz ab. Ist die Hülse zu kurz, rutscht sie zu weit in die Trommelkammer und es gibt Zündprobleme. Ist sie zu lang, lässt sich die Trommel nicht mehr drehen. Zweitens ist es notwendig, die Geschosse mit einem kräftigen Crimp in der Hülse zu sichern, sonst »delaboriert« der Rückstoß unweigerlich die Patronen. Hier haben wir das nächste Problem, denn viele für die Selbstladepistole »Desert Eagle« gedachte .50er-Geschosse weisen keine Crimprille auf. Hier bleibt nur die Möglichkeit, die Crimprille nachträglich anzubringen, was mit entsprechendem Werkzeug aber kein großes Problem darstellt.
Praktisch in einem Revolver wären natürlich Randpatronen, weil dann die genaue Hülsen-

»Desert Eagle« mit Kompensator.

länge für die sichere Funktion kaum mehr ins Gewicht fällt. Randpatronen lassen sich für einen Revolver .50 AE leicht herstellen, da Smith & Wesson mit der .500 S&W ja 2003 eine Revolverpatrone im Kaliber .50 herausgebracht hat. Es ist kein Problem, Hülsen .500 S&W auf die Länge einer .50 AE zu kürzen und so eine passende Randhülse zu schaffen. Quasi ein neues Kaliber, das man etwa ».500 S&W short« nennen könnte. Solange die Hülsen kürzer sind und nicht vorn an der Stufe der Trommelkammern anliegen, funktionieren sie hervorragend. Die Ladung muss in den gekürzten .500 S&W-Hülsen aufgrund des geringeren Innenvolumens etwas gesenkt werden. Auch aus einem kurzen Revolverlauf lassen sich beeindruckende Leistungen erzielen, die eine solche Waffe etwa für den Fangschuss auf starkes Schwarzwild geradezu empfehlen. Ein handlicher Revolver im Halb-Zoll-Kaliber .50 AE stellt eine überaus wirkungsvolle und durchaus noch führige Fangschusswaffe dar. Der Umbau ist keine Hexerei und dafür braucht man sicher auch keinen amerikanischen Büchsenmacher zu bemühen. Deutsche Revolverspezialisten, wie etwa Johannsen Jagd, können so etwa auch. Dem Wiederlader stehen zudem eine Menge Möglichkeiten offen, etwa für reduzierte Ladungen, da er keine Rücksicht auf die Waffenfunktion zu nehmen braucht wie bei der »Desert Eagle«, die nur mit »*Full House*«-Ladungen sicher arbeitet.

»Wildcat«-Patronen

Als »Wildcats« (»Wildkatzen«) bezeichnet man in den USA nicht fabrikmäßig hergestellte Patronen, d. h. Einzelentwicklungen für einen bestimmten Zweck oder ein bestimmtes Waffenmodell. »Wildcats« werden meist entwickelt, um Leistung, Präzision oder Effizienz eines bestehenden Kalibers zu verbessern. Bei den Entwicklern handelt es sich in der Regel um Wiederlader, Jäger oder Schießsportbegeisterte, die das Besondere suchen und sich nicht mit Fabrikpatronen zufrieden geben. Besonders in den USA, wo die gesetzlichen Hürden für Patronen-Eigenentwicklungen nicht sehr hoch liegen, tauchen jedes Jahr etliche neue Patronen auf. Zur Zeit gibt es etwa 6000 verschiedene »Wildcat«-Patronen. Ganz genau weiß das wohl niemand, aber die Zahl liegt deutlich höher als es Fabrikpatronen gibt. Etliche »Wildcat«-Patronen werden von kleinen Munitionsherstellern gefertigt. Größere Hersteller produzieren in der Regel keine Sonderkaliber, weil der Markt für sie begrenzt ist und es keine etablierten CIP- oder SAAMI-Standards gibt, was zu Haftungsbedenken führt. Bei den Kurzwaffenpatronen hat das *Metallic-Silhouette*-Schießen, sprich das Schießen auf Stahlziele in Tierform, zu einer großen Anzahl von Patronenentwicklungen geführt. Die neuen Kaliber ermöglichten eine höhere Geschwindigkeit oder waren weniger windempfindlich als Standardpatronen. Häufig wurden Büchsenpatronen modifiziert, um sie für kürzere Läufe tauglich zu machen. Ein gutes Beispiel liefert die .30 Herrett. Speziell für die Verwendung in Pistolen mit nur 25 cm langen Läufen entwickelt, entstand auf Grundlage der .30-30 Winchester eine Patrone mit kürzerer Hülse und steilerer Schulter, die immer noch die Leistung einer .30-30 Winchester erbrachte. Die nachfolgende .357 Herrett fußte ebenfalls auf der .30-30 Winchester. Sie verschoss aber ein .357er-Projektil und war leistungsstärker als die .30-30 Winchester – und das aus einem 25-cm-Lauf. Die »Contender«-Pistole von Thompson/Center Arms mit 10-Zoll-Lauf (25 cm) in einem der Herrett-Kaliber zählt in den USA zu den beliebtesten Waffen für die Jagd auf mittleres Schalenwild wie Weißwedelhirsche.

Sehr erfolgreich war auch die .308 x 1,5" Barnes, eine Entwicklung des bekannten Patronenbauers und Fachautors Frank Barnes, die er durch einfaches Kürzen einer Gewehrhülse .308 Winchester auf 38,1 mm Länge herstellte. Die Patrone war so beliebt, dass gleich mehrere Munitionshersteller dafür Fabrikhülsen lieferten, die sich von der originalen .308 x 1,5" dadurch unterschieden, dass sie für kleine Büchsenzündhütchen eingerichtet waren, während diese mit großen Zündhütchen geladen werden mussten. Die .308 x 1,5" Barnes diente als Mutterhülse für viele Patronen-Entwicklungen, wie etwa der Benchrest-Remington-Patronenfamilie, .22 BR, 6 mm BR, 6.5 mm BR , 7 mm BR und .30 BR.

In den nachfolgenden Kapiteln sehen wir uns einige besonders interessante »Wildcats« für Kurzwaffen näher an, die mittlerweile sehr verbreitet sind und gern für *Custom*-Waffen genommen werden.

Die Super-Magnum-Patronen von Elgin Gates

In den allerersten Tagen der *International Handgun Metallic Silhouette Association* entwarf einer ihrer Gründer, Elgin Gates (1922–1988), einige neue Patronen für das Schießen auf große Distanzen. Naturgemäß waren die weit entfernten Ziele schwer zu treffen und wegen ihres Gewichts nur schwer zu Fall zu bringen. Benötigt wurden präzise, flach schießende Patronen mit hoher Zielenergie. Die Grundidee der »Supermag«-Serie war einfach. Gates strebte nach einer Leistung, die jeder damals existierenden Magnum-Revolverpatrone mit einem bestimmten Durchmesser überlegen war. Er erreichte dies durch Verlängerung der Hülse zur Erhöhung der Pulverkapazität und des Gebrauchsgasdruckes. Gates entwickelte »Super Magnums« in den Kaliberdurchmessern .357, .375., .414 und .445. Alle Patronen benötigten Revolver mit langen Trommeln, die hauptsächlich Dan Wesson baute.

So entstand eine interessante Viererpalette an Magnum-Patronen, die unterschiedliche Popularität erreichten. Alle vier Randpatronen wiesen eine Hülsenlänge von 1,61 Zoll auf. Die .357 Super Magnum fand schnell viele Freunde, zumal Ruger für sie einen »Super Blackhawk«-Revolver einrichtete. Ein neu konstruierter Dan-Wesson-Revolver für die .357 Super Magnum erschien 1983 und erfreute sich mindestens zehn Jahre lang einer immensen Popularität unter Silhouetten-Schützen. In der Revolver-Klasse bildete die .357 Super Magum »die« Patrone und auch viele »Contender«-Schützen schwuren auf sie. Die Patrone lieferte hohe Geschwindigkeit und eine flache Flugbahn mit schweren .357er-Geschossen. Sie war aber auch auf einen Druck ausgelegt, der nie zuvor in einer Revolverpatrone realisiert worden war und dem Gasdruck von Gewehrpatronen wie der .30-06 entsprach. Die Patrone geriet allerdings in Verruf, als sie einige übereifrige Silhouetten-Schützen mit 110- und 125-grs-Geschossen luden, anstatt mit den für sie ausgelegten 180- und 200-grs-Projektilen. Mit den »heiß« geladenen 110- und 125-grs-Ladungen ließen sich fraglos erstaunliche Mündungsgeschwindigkeiten erreichen. Dem »Blackhawk« bekamen diese aber gar nicht gut: schnell brannten die Trommeln aus und es kam zu Rahmenschäden. Die berühmte Magnumrille

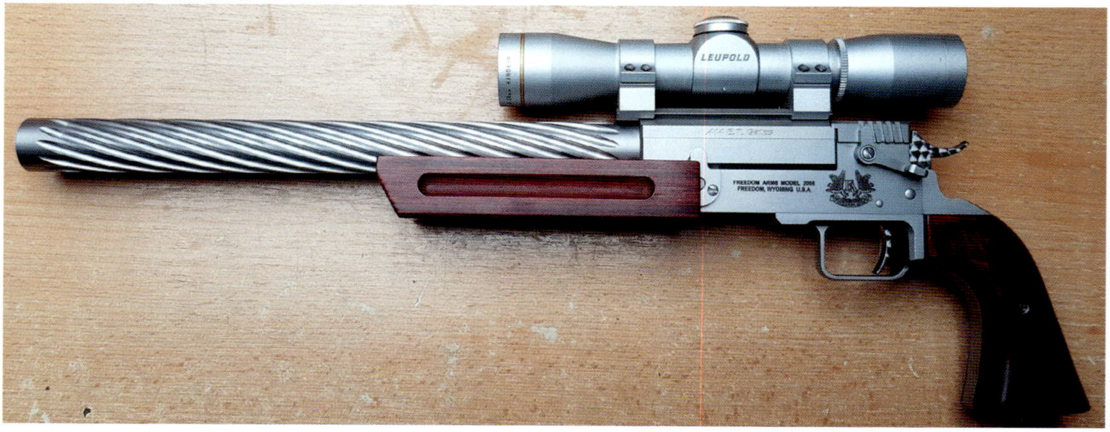

Exquisite Freedom Arms-Kipplaufpistole im Kaliber .414 Gates.

Alle Gates-Patronen benötigten Revolver mit langen Trommeln, die hauptsächlich die Firma Dan Wesson baute.

Die meisten Gates-Patronen zeigen einen originalen Bodenstempel.

stellte sich ein – bei eifrigen Schützen innerhalb von zwei bis drei Tagen. Als Bill Ruger davon hörte, ließ er den Verkauf des »Super Blackhawk« sogar einstellen. Dan Wesson lieferte seine Revolver vorsichtshalber gleich mit Reservetrommel. Um der .357 Super Magnum nicht Unrecht zu tun: es handelte sich grundsätzlich um eine gute Patrone, die aber durch übereifrige Handlader in Verruf geriet. Insofern war ihr kein großer Erfolg beschieden; hinzu traten weitere Mankos. Die Patrone basierte auf einer gekürzten Gewehrpatrone .375 Winchester mit konischer Hülse. Kein guter Ausgangspunkt für eine Revolverpatrone. Die Hülse saß nach dem Schuss sehr fest in der Trommelkammer und ließ sich nur schwer ausstoßen. Das nächste Problem bildete die Geschossversorgung. Die für das typische Gewehrkaliber .375 gefertigten Geschosse fielen entsprechend schwer und starkmantelig aus. Lediglich Hornady bot ein 220-grs-Revolvergeschoss an; Hülsen gab es von Starline. Leider war die Patrone auch nicht sonderlich präzise. Die dafür eingerichteten Dan-Wesson-Revolver sind heute Sammlerraritäten.

Die Nachfolgerin .445 Super Magnum litt zunächst unter dem Handicap, dass sich ihre Hülsen nur umständlich herstellen ließen: sie mussten mühsam aus .30-40 Krag-Hülsen umgeformt werden. Das besserte sich, als Starline fertige .445er-Hülsen anbot. Als Silhouetten-Patrone konnte sich die .445 Super Magnum wegen ihres erheblichen Rückstoßes und des gellenden Mündungsknalls, die viele Schützen bei langen Serien einfach zu sehr beanspruchten, trotzdem nicht so recht durchsetzen. Eine kleine enthusiastische Gruppe ließ sich davon aber nicht schrecken; sie schwur auf die Patrone und errang damit beachtliche Erfolge. Dies galt nicht minder für Faustfeuerwaffen-Jäger, die sie aufgrund der flachen Flugbahn und der beachtlichen Zielenergie sehr schätzen. Insbesondere mit den thermisch gehärteten Hartbleigeschossen von Cast erreichte sie beachtliche Durchschlagskraft. Als S&W dann die .460 S&W und .500 S&W auf den Markt brachte, wurde es ruhiger um die .445 Super Magnum.
Die .414 Super Magnum stellte die letzte Patrone der Gates-Super-Magnum-Patronenfamilie dar; man versuchte mit ihr alles bes-

ser zu machen. Aus den Hülsenproblemen der .445 Super Magnum hatte Gates gelernt und arrangierte von Anfang an, dass Starline eine große Serie an .414er-Hülsen auflegte, wovon er 100.000 kaufte. Dan Wesson sollte wieder den Revolver dazu fertigen. Theoretisch konnte eigentlich nichts mehr schief gehen, denn leistungsmäßig war die .414 Super Magnum mit 16 % mehr Hülsenvolumen als die .44 Magnum ein »echter Hammer«. Diese große Kapazität gab dem Wiederlader eine Reihe von Möglichkeiten an die Hand. Er konnte entweder die Pulverladung und anschließend die Geschwindigkeiten deutlich erhöhen, oder schwerere/längere Geschosse verwenden. Geschoss-Engpässe gab es auch keine, da alle großen US-Munitionshersteller .41er-Revolvergeschosse im Programm führen; Sierra sogar besondere Silhouetten-Geschosse. Ein 210-grs-Projektil ließ sich problemlos auf 460 m/sek bringen – also jede Menge Leistung. Die Silhouetten-Schützen und Faustfeuerwaffen-Jäger waren begeistert, als die US-Waffenpresse die neue Patrone und den Dan-Wesson-Revolver vorstellte. Die Erfolgsgeschichte konnte also ihren Anfang nehmen. Sie begann – und endete nach einigen Wochen abrupt: Dan Wesson ging nach lediglich 25 hergestellten Revolvern in Konkurs. Gates saß auf 100.000 Hülsen und hatte keine passende Waffe mehr dafür. Nach der Wiederbelebung von Dan Wesson bietet die Firma heute wieder ein Modell SRS-1 in .414 Super Magnum an. SRS steht für »Super Ram Silhouette« (Super-Widder-Silhouettenwaffe). Es stellt das Topmodell von Dan Wesson dar und ist sowohl in Edelstahl- als auch brünierter Ausführung erhältlich. Um den Gewichtsgrenzen der IHMSA zu genügen, erhielt die Waffe einen 8-Zoll-Lauf mit dickem Mantel. Da in den Rahmen geschraubt, lässt sich der Lauf bei Verschleiß leicht auswechseln. Dank des mitgelieferten Werkzeugs kann dies der Schütze selbst tun und benötigt keinen Büchsenmacher. Die Kühlrippen des Laufmantels sorgen für eine gute Belüftung und sparen Gewicht. Die gut verarbeitete und bezahlbare Waffe erfreut sich heute großer Beliebtheit bei Silhouetten-Schützen. Qualitativ nicht ganz auf dem Stand eines Freedom-Arms-Revolvers, dafür aber bedeutend preiswerter. Der Rückstoß bei vollen Ladungen ist zwar ziemlich stark, kann erfahrene Silhouetten-Schützen aber nicht aus dem Konzept bringen. Schwere Metallscheiben fällt die Ladung zuverlässig. Die .414 Super Magnum ist deutlich leistungsstärker als die .44 Magnum und besitzt eine flachere Flugbahn. Die Patrone wird auch für *Custom*-Revolver benutzt. In Deutschland blieb sie bislang eine reine Wiederladeangelegenheit. In den USA hingegen bieten kleinere Munitionshersteller wie Black Dog Ammunition fertige Patronen an.

Patronen von CorBon

CorBon ist ein kleineres US-Munitionsunternehmen, das Peter Pi sen. im Jahr 1982 gründete. Der Schwerpunkt lag auf der Fertigung von Verteidigungsmunition mit hoher Stoppwirkung sowie auf Jagdpatronen. In den 1980er-Jahren expandierten viele Hohlspitzgeschosse noch nicht zuverlässig. Hier setze Peter Pi an und brachte stark laborierte Patronen mit schnell expandierenden Hohlspitzprojektilen heraus, die schnell Freunde bei Sicherheitskräften und Privatleuten fanden. Pis bekannteste Entwicklung stellten die so genannten *Glaser Safety Slugs* dar: Geschosse aus kleinen, in Polymer eingebetteten Schrotkugeln. Sie richteten in Weichzielen erheblichen Schaden an, ohne eine zu hohe Durchschlagskraft zu besitzen. Ausschüsse waren bei maximaler Stoppwirkung nahezu ausgeschlossen. Die hart geladene Jagdmunition von CorBon erfreute sich großer Beliebtheit bei US-Jägern. Auch die .500 Smith & Wesson fertigte CorBon. Des Weiteren brachte Peter Pi zwei interessante *Wildcat*-Patronen auf den Markt, die .400 Corbon und die .440 Corbon. Die .400 Corbon kam 1997 heraus und war entwickelt worden, um die Leistung der 10 mm Auto aus einer .45 ACP-Hülse zu erzielen. Peter Pi zog dazu die .45 ACP mit einer 25-Grad-Schulter auf das Kaliber .40 ein und bekam so eine Flaschenhülse, die problemlos in das Magazin der gängigen .45er-Selbstladepistolen passte. Lediglich durch Laufwechsel ließ sich eine Waffe .45 ACP auf .400 Corbon umrüsten. Die Munitionsherstellung stellte für versierte Wiederlader kein Problem dar, zumal es .45 ACP-Hülsen in Hülle und Fülle gab. Wer keine Lust zum Hülsenumformen verspürte, konnte bei Starline gleich fertige Hülsen kaufen, mit folgendem Vorteil: Starline-Hülsen sind dickwandiger und vertragen den höheren Gasdruck besser als umgeformte .45 ACP-Hülsen. Viele Wiederlader nutzten daher lieber gekürzte Gewehrhülsen .30-06 oder .308 Win. (per se dickwandiger), oder aber griffen zur .45 Super, die ebenfalls einen stabileren Bodenbereich aufweist. Den Verschlussabstand bildete Pi auf der Hülsenschulter und nicht auf dem Hülsenmund, so dass die exakte Hülsenlänge keine große Rolle spielte und es auch kein Problem darstellte, das Geschoss mit einem kräftigem Rollcrimp festzulegen. Die .400 Corbon war damit wesentlich funktionssicherer als die 10 mm Auto mit zylindrischer Hülse. Schützen und Jäger in den USA nahmen die .400 Corbon begeistert auf. Ihre Leistung konnte sich sehen lassen: mit einem 139-grs- Geschoss erreichte sie 435 m/sek und damit gut 800 Joule. Ein 150-grs-Geschoss kam auf 400 m/sek und ein 165-grs-Projektil auf immer noch 380 m/sek. Diese Leistungen ließen sich dazu mit einem deutlich niedrigen Gasdruck erzielen, als ihn die 10 mm Auto benötigt. Das war sehr wichtig, denn bei der Colt »Delta Elite« in 10 mm Auto traten immer wieder Probleme mit Rissen im Rahmen auf. Obwohl die .400 Corbon deutlich mehr Leistung bringt als die .45 ACP, ist ihr Rückstoß nicht spürbar härter.

Die .400 Corbon basiert auf der Hülse der .45 ACP.

Die Patrone war auch interessant für IPSC-Schützen, denn sie erreichte einen *IPSC Major Power Factor* von 175. CorBon bot eine Vielzahl an Laborierungen für die .400 Corbon an. Darunter auch Verteidigungsmunition mit *Glaser Safety Slugs*. Die vielseitige Patrone erfreut sich immer noch großer Beliebtheit, denn nahezu jede .45 ACP-Pistole lässt sich mit einem Wechsellauf auf .400 Corbon umrüsten. Les Baer bietet seine Modelle Baer 1911 »Premier II 5« und »Premier II Super Tac« entweder direkt in .400 Corbon oder als Kombination .400 Corbon plus .45 ACP an. Wechselläufe für 1911er-Pistolen liefern mehrere US-Herstellern; des Weiteren fertigen die Firmen Glock, SIG (Sig 220), Heckler & Koch (HK USP) und Springfield (XD) .400 Corbon-Läufe. Eine nicht unerhebliche Anzahl solcher Läufe hat den Weg nach Europa gefunden. Die .400 Corbon zählt wohl zu den vielseitigsten und nützlichsten *Wildcats*. Allein durch Laufwechsel erhält man praktisch eine Pistole mit der Leistung der 10 mm Auto und kann jederzeit einfach auf die .45 ACP umstellen.

Die .440 Corbon

Die .440 Corbon kam 1998 heraus. Entwickelt von Horst Grillmayer, stellt sie eine auf das Kaliber .44 eingezogene .50 AE dar. Für die Selbstladepistole »Desert Eagle« gedacht, sollte sie die Lücke zwischen der .44 Magnum und der .50 AE schließen. Ziel war eine Patrone mit weniger Rückschlag, aber mehr Durchschlagskraft als die .50 AE, und mit höherer Mündungsgeschwindigkeit als die .44 Magnum. Diese Ziele wurden erreicht: ein 240-grs-Geschoss verließ den Lauf der »Desert Eagle« mit fast 500 m/sek und damit etwa 1800 Joule. Eine überzeugende Leistung, die »Desert Eagle«-Sportschützen und vor allem -Jäger erfreute, zumal eine Zielfernrohr-bestückte »Desert Eagle« in .440 Corbon eine hohe Reichweite besitzt.

Auch einige »Automags« wurden für die .440 Corbon eingerichtet. Magnum Research baute 6-Zoll-Wechseläufe für die »Desert Eagle« in .440 Corbon. Die Patrone bereitete aber Probleme bei der zuverlässigen Funktion, weshalb die Firma den Bau von Wechselläufen wieder einstellte. Die Grundidee blieb aber so überzeugend, dass Magnum Research 2018 mit der .429 Desert Eagle eine praktisch identische Patrone mit leicht reduzierter Leistung auf den Markt brachte, die keine Funktionsprobleme mehr bereitete. Die .429 DE passt sogar ins Patronenlager eines .440 Corbon-Laufs. Umgekehrt geht das aber nicht. Um die .440 Corbon wurde es dann sehr ruhig. Tromix fertigte von 1999 bis 2004 auch AR-15-Gewehre und -Oberteile mit Läufen in .440 Corbon. Kein großer Erfolg, mehr als 20 Stück sollen nicht gebaut worden sein. 2017 wurde das Unternehmen an TA Perrine verkauft und nach Wooster/Ohio verlegt, um 2021 erneut an eine Investmentgruppe aus Sandusky/Ohio veräußert zu werden.

Die »Monster Mags« von Linebaugh

Der Büchsenmacher John Linebaugh aus Cody/Wyoming errang internationales Ansehen für die Herstellung maßgeschneiderter Revolver in größten Magnum-Kalibern. Es begann mit .45-Colt-Umbauten mit Ruger-Rahmen, entweder »Blackhawk« oder »Vaquero«, die er mit neuen Läufen und übergroßen 5-Schuss-Trommeln ausstattete. Außerdem versah er die Revolver mit einem Freilauf-System, das ein Drehen der Trommel in beiden Richtungen erlaubte. Die Leistung seiner »heiß geladenen« .45er-Patronen war bzw. ist beachtlich: aus einem 7 ½-Zoll-Lauf erreicht ein 370-grs-Cast-Hartbleigeschoss 430 m/sek, was 2217 Joule Mündungsenergie entspricht. Dies liegt im Bereich der .454 Casull. Alle seine Revolver stattet Linebaugh mit maßgefertigten Griffschalen aus Walnuss- oder Ebenholz aus. Für so ein Schmuckstück muss der Käufer einige Wartezeit in Kauf nehmen und dann rund 4000 US-Dollar auf den Tisch legen. Eine Linebaugh-»Kanone« ist

.500 Linebaugh neben einer .50 Action Express.

aber der Traum eines jeden amerikanischen Wiederladers und *Handgun*-Jägers.
Internationale Bekanntheit erwarb sich Linebaugh aber durch seine eigene Patronenentwicklungen .500 Linebaugh und .475 Linebaugh. Die Waffen dazu entstehen ebenfalls auf Basis von Ruger-Revolvern, hier aber ausschließlich des Modells »Bisley«. Linebaugh-Revolver faszinieren des Weiteren durch ihre

Custom-Revolver vom deutschen Büchsenmacher Zindel in .500 Linebaugh.

John Linebaugh

John Linebaugh (1955–2023) war ein bekannter US-amerikanischer Büchsenmacher aus Cody in Wyoming. Seine Philosophie lautete, leistungsstarke Revolver ohne überdimensionierte Abmessungen zu bauen. Linebaugh gilt als Pionier nicht nur in der Entwicklung leistungsstarker Revolver, sondern auch entsprechender Patronen. So schuf er die Patronen .475 Linebaugh und .500 Linebaugh. Die danach entstandenen verlängerten Varianten der .500 und .475 Linebaugh erhielten die Zusatzbezeichnung »Long«. Seine Innovationen konzentrierten sich auf die Anpassung gängiger Gewehrhülsen an kürzere Hülsen mit großem Pulverraum für *Single-Action*-Revolver. Dabei legte Linebaugh großen Wert auf tiefe Penetration mit schweren Geschossen bei moderaten Geschwindigkeiten. In seinen Anfangsjahren fertigte Linebaugh maßgeschneiderte Fünfschuss-Revolver Kaliber .45 auf Basis von Ruger- und Abilene/Seville-Rahmen. Aufgrund der damals verfügbaren Griffstück-Konstruktionen machte sich der Rückstoß aber extrem spürbar. 1986 kam Linebaugh auf eine Lösung, die nicht nur seine starken .45 Colt-Ladungen besser beherrschen ließ, sondern auch den Einstieg in die wahren Magnum-Kaliber ermöglichte und mit der .500 Linebaugh einen Quantensprung vom Kaliber .45 bis hin zum Kaliber .50 darstellte. Diese Lösung war Rugers Bisley-Griffstück, mit dem sich Linebaugh-Revolver wesentlich angenehmer schossen.

John Linebaugh

Kompaktheit: ein .500 Linebaugh ist nur etwas größer und schwerer als ein Ruger »Bisley« in .44 Magnum. Kein Vergleich zu den »Monsterkanonen« von BFR oder Seville.
Linebaugh legte aber noch eins drauf und brachte mit der .500 Linebaugh Long und der .475 Linebaugh Long nochmals stärkere Patronen heraus. Für diese Patronen verwendet er Ruger-»Maximum«-Revolver, die neue 5-Schuss-Trommeln, 6- oder 6½- Zoll-Läufe sowie Griffe im Bisley-Stil bekommen. Die 1986 entwickelte .500 Linebaugh geht wohl auf eine Initiative des US-Waffenjournalisten und begeisterten *Handgun*-Jägers Ross Seyfried zurück, der mit einer Faustfeuerwaffe auf Löwenjagd gehen wollte – ohne Begleitung durch einen Berufsjäger mit Großwildbüchse versteht sich. Kaffernbüffel hatte er zuvor schon mit einem getunten .45er Seville erlegt. Ein .454 Casull wäre für die Löwenjagd wohl naheliegend gewesen, aber Seyfried wollte schwere Geschosse verwenden, und da reichte die Trommellänge des Casull nicht aus. Kaliber .45 schien ihm wohl auch etwas schwach für die Großkatze (eigentlich verwunderlich, den Löwen gelten längst nicht so schusshart wie z. B. Kaffernbüffel), und so begann die Suche nach einer .500er-Revolverpatrone. Viel größer geht kaum, da die Trommel Grenzen setzt – vor allem, wenn der Rahmen eines Serienrevolvers benutzt werden soll. Ein komplett neu gefertigter *Custom*-Revolver hätte wiederum den Kostenrahmen gesprengt. So musste wieder der Ruger »Bisley« herhalten. Er bekam von Linebaugh einen Douglas-Lauf .510 mit 20-Zoll-Drall und eine auf 46 mm verlängerte Trommel mit 45,8 mm Durchmesser. Dies ließ der Rahmen gerade noch zu. Die Ruger-Trommel misst 42,5 mm in der Länge und 43 mm im Durchmesser. Um die .500er-Patronen bei ausreichender Wandstärke unterzubringen, verringerte Linebaugh die Trommelkapazität von sechs auf fünf Schuss. Die Waffe mit 7½-Zoll-Lauf brachte gerade mal 1,35 kg auf die Waage. Der Umbau des Revolvers stellte für Linebaugh keinen großen Akt dar, seine »heißen« .45-Colt-Umbauten waren genau so aufgebaut. Jetzt musste aber noch eine .500er-Patrone her. Vorbilder gab es keine, sofern man von der alten Schwarzpulverpatrone .500 Constabler absieht. Eine zylindrische .500er-Hülse mit Rand schien die optimale Lösung. Hier begannen jedoch die Probleme, oder besser gesagt die aufwändigen Umformarbeiten zur Herstellung des benötigten Messings. Als Ausgangsbasis diente eine auf 35,7 mm abgelängte .348 Winchester. Deren konische Hülse brachte Linebaugh mit einem Aufweitedorn auf einen zylindrischen Außendurchmesser von 13,7 mm. Da sich die Hülse innen zu früh konisch verengte, um das Geschoss aufzunehmen, musste sie außerdem noch aufgerieben werden. Viel mehr Arbeit kann man sich mit einer *Wildcat*-Patrone für Kurzwaffen eigentlich kaum machen. Das Ergebnis war jedoch eine sehr stabile und dauerhafte Hülse, die sich sehr oft wiederladen ließ. .510er-Geschosse für Kurzwaffen waren bzw. sind auch nicht gerade üppig vorhanden. Linebaugh empfiehlt die auch in Deutschland erhältlichen Hartbleigeschosse von Cast Performance. Nei brachte zudem Gießkokillen für Keith- und Kegelstumpfgeschosse zwischen 385 und 480 grs speziell für den Linebaugh heraus; Barnes ein 300-grs-Teilmantelgeschoss. Das Angebot erweiterte sich dann mit dem Erscheinen der .50 Action Express und der .500 Smith & Wesson. Heute steht dem Wiederlader eine gute Auswahl an Mantelgeschossen zur Verfügung. Hartblei-Geschosse gelten als ballistisch hervorragend, sie er-

Hornady fertigt Fabrikmunition für die .475 Linebaugh.

bringen eine enorme Stoppkraft und durchschlagen fast 25 cm Tannenholz. Beim Bowling-Pin-Schießen fliegen die Kegel sechs bis sieben Meter weit und das Geschoss steckt. Die nominelle Mündungsenergie beeindruckt hingegen nicht sonderlich. Ein 350-grs-Geschoss kommt auf 440 m/sek, was gerade mal etwas mehr als 2200 Joule entspricht. Das konnten Linebaughs »heiß geladene« .45er-Patronen auch, aber hier fliegt ja ein ».50er-Koffer« durch die Luft. Die .500 Linebaugh kommt zwar auf nicht mehr Mündungsenergie als eine .454 Casull, erreicht diese aber mit einem deutlich schwereren und dickeren Geschoss. Zu ihrer Zeit stellte sie die stärkste und dickste Revolverpatrone dar, abgelöst von der .500 Linebaugh Long, die die 3000-Joule-Grenze knackte, und schließlich von der .500 Smith & Wesson, die nochmals 500 Joule drauf legte. »Unterbewaffnet« sind auch heutige Schützen mit einem handlichen .500er-Linebaugh bestimmt nicht. Hülsenmaterial erhält man problemlos, Hornady fertigt fabrikmäßig sehr stabile Hülsen.

.475 Linebaugh

Die .475 Linebaugh erschien 1988 und ist keinesfalls als leistungsreduzierte Patrone gegenüber der .500 Linebaugh anzusehen – eher trifft das Gegenteil zu. Durch die leichte Kaliberreduzierung ließ sich die Wandstärke der Trommelkammern etwas erhöhen (2,6 mm gegenüber 2,1 mm der .500er) und so beim Gasdruck noch mal eins drauf legen. Auch hier hatte Ross Seyfried die Finger im Spiel; er gilt als Mitinitiator der neuen Superpatrone. Die Hülsenfertigung gestaltete sich wesentlich einfacher als bei der .500 Line-

Custom-Revolver von Zindel in .500 Linebaugh mit kurzem Lauf.

baugh. Es genügte, die gängige Hülse der .45-70 Government zu kürzen und aufzuweiten. Bei den .475er-Geschossen sah es anfangs nicht so gut aus. Barnes fertigte für .475er-Gewehrmunition schwere 500- und 600-grs-Voll- und Teilmantelgeschosse. Für die Revolverpatronen blieb nur das Gießen von Bleigeschossen. Hersteller wie Lyman boten dann Kokillen zum Geschossgießen in verschiedenen Geschossgewichten von 370 bis 440 grs an. Zwischenzeitlich hat sich die Lage deutlich gebessert, Hornady fertigt sogar Fabrikmunition für die .475 Linebaugh, so dass auch Nichtwiederlader dieses Kaliber schießen können, und es gibt verschiedene Mantelgeschosse im Dia .475. Ein 380-grs-Geschoss verlässt den 6-Zoll-Lauf mit fast 500 m/sek und liegt damit über der magischen Grenze von 3000 Joule. Die Leistung der .500 Linebaugh wird damit locker übertroffen – und das mit einem 6-Zoll-Reolver, der gerade mal 1,4 kg wiegt. Hornady laboriert seine Fabrikmunition moderater: das 400-grs-XTP kommt auf eine Mündungsgeschwindigkeit von 396 m/sek und damit auf 2035 Joule. Wer es richtig krachen lassen will, muss seine Patronen also selbst laden. Wer das Potenzial der .476 Linebaugh voll ausschöpft, kommt zweifellos auf seine Kosten: Mündungsfeuer und Rückschlag fallen mehr als heftig aus. Dan Wessons .445 SM oder der .454 Casull können da nicht mithalten. Die .475er kommt heftiger als die träge .500er und der Lauf steht nach dem Schuss senkrecht nach oben. Der ergonomische Bisley-Griff lindert das Ganze zwar, aber längere Serien vergällt die .475 Linebaugh selbst Enthusiasten. In Sachen Durchschlagskraft hat die .475 gegenüber der .500 die Nase vorn. In Jagdrevolvern für Großwild dürfte sie daher in den USA einen Tick beliebter sein. Auch in Deutschland bieten verschiedene Büchsenmachereien, wie z. B. Zindel-Präzisionswaffen in Mainhausen, Revolver in Linebaugh-Kalibern an. Für starke *»Custom Guns«* sind Linebaugh-Patronen auch heute noch erste Wahl und sehr beliebt.

.500 Linebaugh Long

Wer glaubte, John Linebaugh würde sich mit den beschriebenen Patronen-Schöpfungen zufrieden geben, befand sich im Irrtum. Linebaugh legte noch eine Schippe drauf und brachte die .500 Linebaugh Long und die .475 Linebaugh Long heraus.

Die .500 Linebaugh Long - auch als .500 Maximum bezeichnet - verwendet ebenfalls die .348 Winchester-Hülse als Ausgangsbasis, nur auf 40,9 mm abgelängt, womit sie 5,2 mm länger als die .500-Linebaugh-Hülse ausfiel. Dies brachte mehr Pulverraum und mehr Leistung. Ein 440-grs-Geschoss erreicht 460 m/sek und eine Mündungsenergie von 3017 Joule. Damit knackt auch diese Patrone die 3000-Joule-Marke, was sie für die Großwildjagd mit Revolvern prädestiniert. Genau dafür wurde sie konstruiert und dazu setzen sie einige US-Jäger auch ein. Der Rückschlag aus den nicht übermäßig schweren Linebaugh-Revolvern bleibt aber entsprechend und nicht jedermanns Sache.

.475 Linebaugh Long

Analog zur .500 Linebaugh Long bekam auch die lange .475er eine 5,2 mm längere Hülse, hier natürlich auf Basis der .45-70. Die Gesamtlänge beträgt wie bei der .500 Linebaugh Long 40,9 mm. Als Waffen-Ausgangsbasis wählte Linebaugh hier den Ruger .357 Maximum. Dank der längeren Hülse lassen sich schwerere Geschosse laden, wobei immer noch ausreichend Pulverraum bleibt. 430-grs-Projektile bringen es auf etwa 450 m/sek. Dass sich dadurch der Rückschlag noch einmal signifikant erhöht, braucht nicht extra betont zu werden. In Sachen Durchschlagskraft ist ein Revolver .475 Linebaugh Long wohl das Maß der Dinge.

Kanonenrohr – Mündung eines .500 Linebaugh-Revolvers.

»Wildcats« von Gary Reeder

In den 1980er-Jahren begann der Kurzwaffen-Enthusiast Gary Reeder in Tennessee mit dem Waffenbau, um später nach Florida zu wechseln und 1994 in Flagstaff/Arizona ein Waffengeschäft namens »Pistol Parlour« zu eröffnen, das heute noch existiert. Direkt daneben befindet sich der *Custom Gun Shop*, in dem Gary und sein Sohn Kase Waffen nach Kundenwünschen bauen bzw. umbauen. Angefangen hat alles mit maßgefertigten Einzellader-Pistolen Remington XP-100 und Thompson/ Center »Contender« für Silhouetten-Schützen und Jäger. Heute baut Reeder auch *Custom*-Revolver und Jagdbüchsen. Viele seiner Waffen sind für von Reeder entwickelte *Wildcat*-Patronen ausgelegt. Eine schier unglaubliche Zahl: auf seiner *website* listet Reeder über 75 *Wildcat*-Patronen auf. Allein über sie könnte man ein ganzes Buch schreiben. Beschränken wir uns hier auf einige seiner interessantesten Schöpfungen. »GNR« steht im Übrigen für »*Gary´s Nasty/Nice Rifle*«, was sich mit »Garys Garstiges/Hübsches Gewehr« übersetzen lässt. Muss nicht immer alles logisch sein.

.356 GNR

Die .356 GNR stellt eine auf .357 eingezogene .41 Magnum-Hülse mit recht steiler Schulter dar; eine sehr gute Patrone für einen

Patronen .356 GNR, .41 GNR, .475 GNR und .510 GNR.

mittelschweren Jagdrevolver. Ein 125-grs-Geschoss erreicht aus einem 7½-Zoll-Revolverlauf 670 m/sek und eine Mündungsenergie von über 1800 Joule. Ein 180-grs-Hartbleigeschoss von Cast kommt auf 548 m/sek. Aus dem 12-Zoll-Lauf einer »Contender« lässt sich ein 158-grs-Hornady-XTP auf 640 m/sek beschleunigen und damit locker die 2000-Joule-Grenze knacken. Waffen für die .356 GNR lassen sich einfach aus großrahmigen .357-Magnum-Revolvern, wie etwa S&W Mod. 27 oder Ruger »Redhawk« lediglich durch Austausch der Trommel umbauen. Das ist kostengünstig und die Leistungssteigerung erheblich.

.375 GNR

Die 375 GNR basiert auf der auf 0,375 eingezogenen Hülse der .445 Super Magnum. Ihre Ballistik beeindruckt: Aus dem 12-Zoll-Lauf der »Contender« lässt sich ein 225-grs-Teilmantelgeschoss auf 670 m/sek beschleunigen, was einer Mündungsenergie von 3278 Joule entspricht. Aus einem 7½-Zoll-Revolverlauf sind es immer noch 579 m/sek und 2445 Joule. Eine beliebte Patrone bei US-Jägern für die Jagd auf Weißwedelhirsche auf größere Schussdistanzen.

.41 GNR

Die .41 GNR kam 2001 heraus und stellt eine auf .410 eingezogene .44 Magnum dar. Eine von US-Jägern wegen ihrer flachen Flugbahn sehr geschätzte, leistungsstarke Patrone, die sich einfach wiederladen lässt. Aus einem 7½-Zoll-Revolverlauf kommt ein 255-grs-Hartbleigeschoss auf 590 m/sek, was einer Mündungsenergie von 2900 Joule entspricht. Aus einem 10-Zoll-»Contender«-Lauf ist das Geschoss sogar noch 80 m/sek schneller. Eine um 30 % höhere Energie, als sie eine harte .44- Magnum-Laborierung erbringt.

.445 GNR

Die .445 GNR entsteht durch Einziehen der Hülse der .475 Linebaugh auf .45, wodurch sich eine breite Palette an .45-Geschossen verwenden lässt. Die Leistung entspricht in etwa der .454 Casull, was die Patrone heute nicht mehr so interessant macht.

.476 GNR

Reeder hat hier die Hülse der .50 Alaskan, die ihrerseits auf der .348 Winchester fußt, auf .475 eingezogen. Diese Patrone ist für die Großwildjagd in Afrika gedacht. Glaubt man amerikanischen *Handgun-Hunting*-Foren, lässt sich ein 405-grs-Geschoss aus dem 14-Zoll-Lauf einer »Contender« auf über 600 m/sek. beschleunigen, was einer Mündungsenergie von fast 5000 Joule entspräche. Über den dazu nötigen Gasdruck spricht allerdings niemand.

.510 GNR

Die .510 GNR ist eine leicht gekürzte .500 Linebaugh. Dadurch lassen sich kürzere Revolvertrommeln verwenden und die Herstellung reduzierter Ladungen fällt viel leichter. Diese liefern aber immer noch reichlich Energie für die Jagd auf Schalenwild. Für einen .50er-Revolver, der sich noch moderat schießen lässt, eine interessante Patrone. Garry Reeder hat im Übrigen ein eigenes Wiederladebuch herausgegeben, das Handladungen für alle seine Patronenschöpfungen enthält.

.450 Magnum Express

Der US-Waffenhersteller North American Arms (NAA) entwickelte ab 1981 die Patrone .450 Magnum Express und brachte sie 1984 auf den Markt. NAA baute dafür den fünfschüssigen *Single Action*-Revolver »Eagle«. Wobei NAA eher bekannt für seine Mini-Revolver in den Kalibern .22 lfB und .22 Magnum ist, die sich in der Hemdtasche führen lassen. Der »Eagle«-Revolver bildete die andere Seite der Angebotspalette. Die Edelstahlwaffe mit 7½-Zoll-Lauf kam mit verstellbarem Millett-Visier und Griffschalen aus lackiertem Nussbaumholz. Technisch nichts Besonderes, bis auf das Sicherheitssystem. Im Unterschied zum sonst üblichem *Transfer-Bar*-System (mit Übertragungshebel) erhielt der NAA »Eagle« ein *Sliding-Bar*-System (mit Hammerblock), das dem von Freedom Arms ähnelt. Neben der hochglanzpolierten Oberfläche gab es den »Eagle« auch mattiert und sogar schwarz verchromt, wobei die so genannte *Black Chromex*-Ausführung die seltenste Version darstellt. Der »Eagle« war kein großer Erfolg und NAA stellte die Fertigung 1987 nach lediglich 530 Waffen ein. Als NAA verkauft wurde, zeigten die neuen Eigentümer kein Interesse daran, den »Eagle« weiter zu fertigen. Die noch vorhandenen Teile, das Werkzeug und die Winchester-Hülsen wurden zunächst eingelagert und 1992, als das Unternehmen zum zweiten Mal verkauft wurde, vom neuen Besitzer nicht übernommen. Wie es heißt, sollen die Vorbesitzer alle Werkzeuge, Teile und Hülsenbestände vernichtet haben. Heute sind »Eagle«-Revolver daher gesuchte Sammlerstücke, was aber auch für die Patrone .450 Express gilt.

Die .450 Express war eigentlich nichts anderes als eine auf 1.344 Zoll verlängerte .45 Winchester Magnum. Darin lag auch ihr Problem: da randlos, gab es Crimp-Probleme bei der Verwendung im Revolver. NAA bot für den »Eagle« Wechseltrommeln in .45 Winchester Magnum und .45 Long Colt an. Der Revolver wurde von vornherein mit ».45 Win.Mag / .450 Express« beschriftet. Die Patronenhülsen .450 Express stellte Winchester her, wie auch die Hülsen für die .45 Magnum. Das bot

Bei der .450 Magnum Express handelt es sich um eine geringfügig verlängerte Patrone .45 Winchester Magnum.

Die Firma NAA ist bekannt für ihre Mini-Revolver in .22er-Kalibern. Hier im Vergleich zu einem Custom-Revolver Kaliber .500 Linebaugh.

North American Arms »Eagle« mit Wechseltrommel .45 Winchester Magnum.

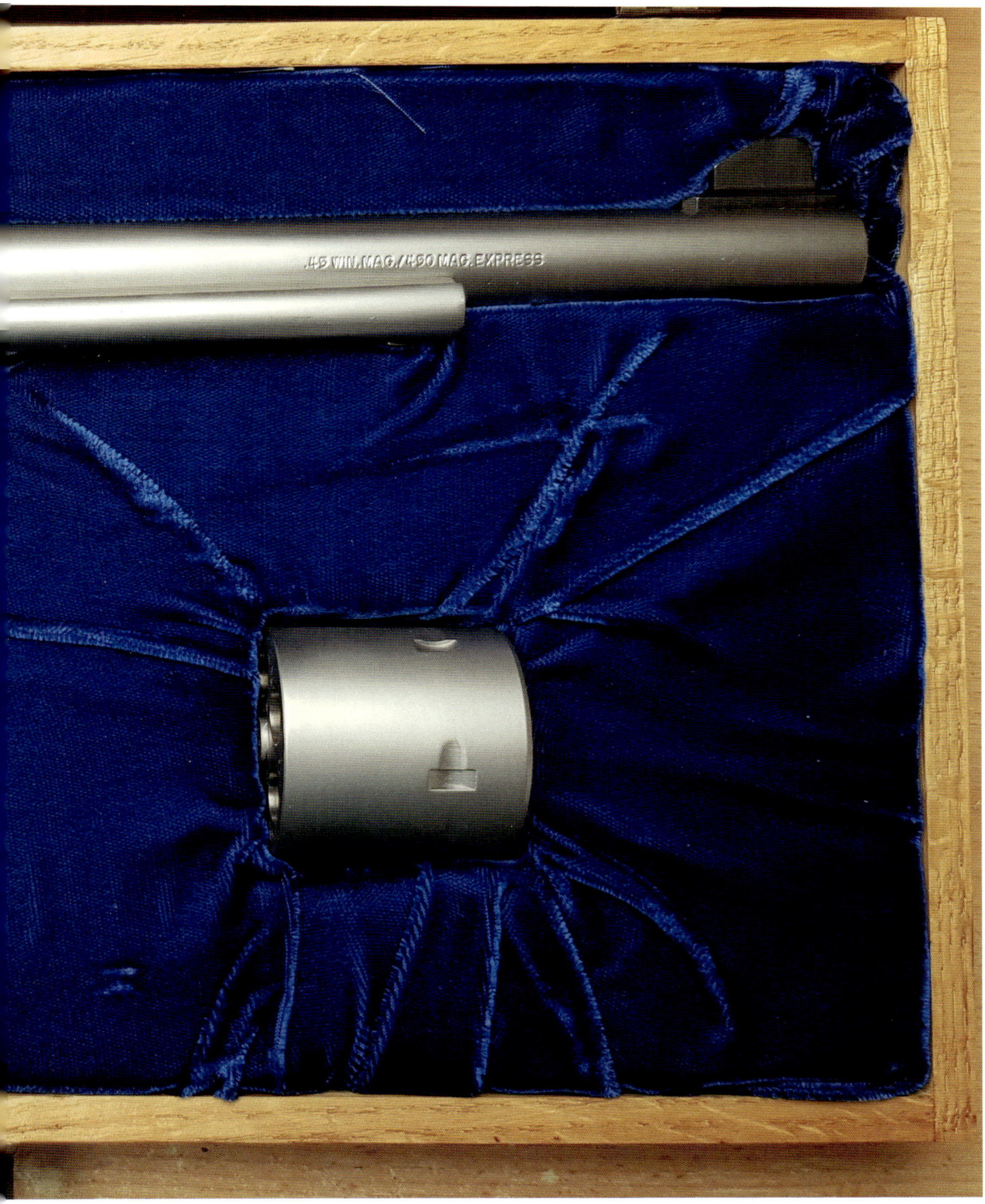
.45 WIN.MAG./.460 MAG.EXPRESS

sich an, die Hülse musste ja nur geringfügig verlängert werden. Insgesamt soll Winchester aber nicht mehr als 10.000 Stück produziert haben. Wie die Hülsen .45 Magnum lassen sich die .450 Express aus Hülsen .308 Winchester herstellen, wenn auch mit etwas Aufwand. Winchester soll 1982 20.000 Fabrikpatronen mit dem 260-grs-Hohlspitzgeschoss von Sierra verladen haben. Diese Patronen erzielen in den USA heute Sammlerpreise von 20 bis 30 US-Dollar pro Stück!

In der Leistung liegt die .450 Express sehr nahe bei der .454 Casull, was kaum verwundert, da sie sich nur durch den fehlenden Rand und eine marginale Längendifferenz unterscheidet. Die .260-grs-Fabrikmunition war eher verhalten geladen. Das Hodgdon-Wiederladebuch aus den 1980er-Jahren führte jedoch Laborierungen auf, die ein 185-grs-Geschoss auf 610 m/sek und 2228 Joule Mündungsenergie bringen. Ganz ohne Frage eine »heiße Angelegenheit«. Trotz ihrer Leistung lässt sich die .450 Express leider nur als Fehlentwicklung bezeichnen. Wer einen Revolver für randlose Patronen einrichten möchte – oder für Revolver eine randlose Patrone baut – handelt sich nur unnötige Probleme ein. Wenn nicht alles ganz genau passt, rutscht die Patrone entweder zu tief in die Trommel und zündet nicht, oder die Trommel lässt sich nicht mehr drehen. Spätestens die .454 Casull, die eine identische Leistung erbrachte und für die es mehrere Waffenmodelle gibt, machte die .450 Express überflüssig. Neue Waffen für dieses Kaliber werden wohl kaum hergestellt werden.

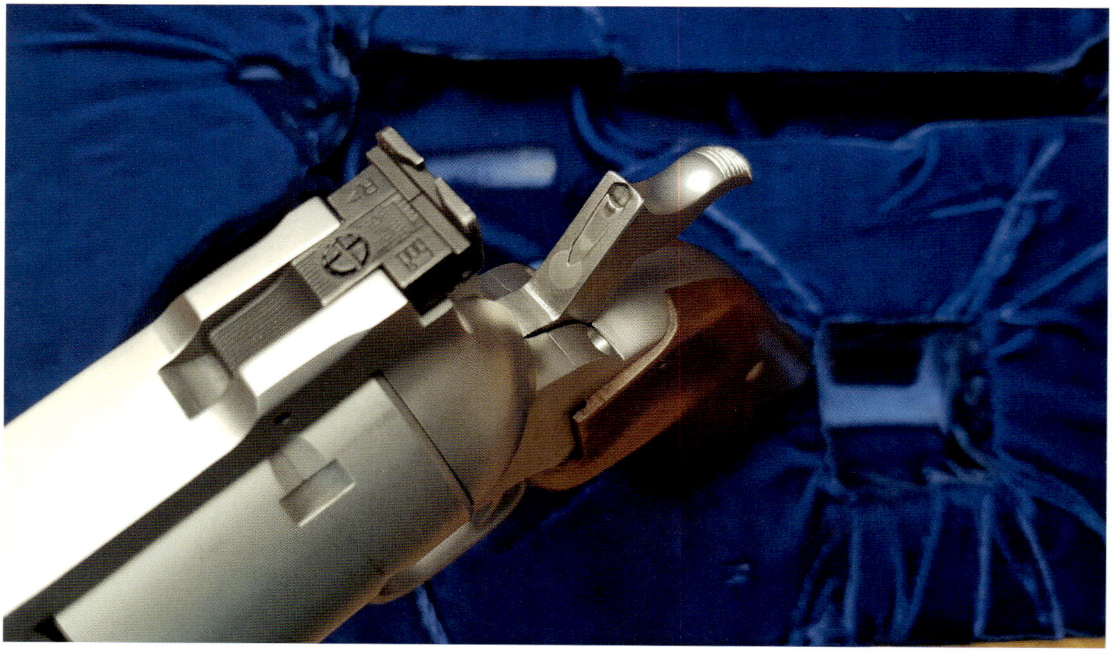

Beim Sliding Bar System des »Eagle« wird eine manuelle Schiebesicherung verwendet, die den Kontakt zwischen Hammer und Zündstift unterbricht.

.460 Rowland

Johnny Ray Rowland aus Tulsa/Oklahoma brachte die nach ihm benannte .460 Rowland im Jahr 1998 heraus. Rowland wollte eine .45er-Patrone, die sich aus Pistolen Typ M1911 verschießen lässt und dabei die Leistung der .44 Magnum erreicht. Ein sehr ehrgeiziges Ziel, vor allem, wenn man den Pulverraum einer .44 Magnum mit dem einer .45 ACP vergleicht. An der Gesamtlänge der Patrone lässt sich ja nicht viel ändern, wenn sie in herkömmliche Magazine passen soll. Rowland änderte die .45 ACP in zwei Punkten, um seine Vorgaben zu erreichen. Zunächst verlängerte er die Hülse um 1,43 mm. Die Gesamtlänge der Patrone durfte nicht deutlich länger ausfallen, sonst hätte das .460er-Magazin nicht mehr in den Schacht einer .45-ACP-Waffe gepasst. Die Verlängerung der Hülse sollte nur verhindern, dass eine .460 Rowland versehentlich aus einer üblichen Colt M1911 oder einer anderen Pistole in .45 ACP verschossen werden konnte, analog zur .38 Special und .357 Magnum. Der Pulverraum an sich wurde nicht größer, woher kam also die angestrebte Leistung? Da auch Rowland nicht zaubern konnte: natürlich über einen höheren Gasdruck als bei der .45 ACP. Hier griff er sozusagen gleich in die Vollen und verdoppelte den Gasdruck von 1450 bar auf 2760 bar nahezu. Einer M1911 neben dem Wechsellauf nur eine stärkere Verschlussfeder zu verpassen, reichte natürlich nicht zur Umsetzung dieser Leistung, ohne die Pistole über kurz oder lang zu schrotten. Zum *Conversion Kit* (Umbausatz) fügte Rowland neben einer 20-lbs-Verschlussfeder daher einen Kompensator zur Entlastung der Waffe. Beim Hülsenhersteller Starline Brass regte er die Fertigung von .460er-Hülsen an, so dass aufwändige Umformarbeiten entfallen konnten. Die ersten Wechselläufe für die Colt M1911 baute noch die Firma Clarks Customs. Heute bietet Rowland eigene Umbausätze und fertig geladene Patronen an. Zahlreiche weitere Hersteller nahmen Läufe im Kaliber .460 ins Programm; außer für die Colt-M1911-Typen gibt es Läufe für die Springfield XD, die Glock Modelle 21 und 30 sowie die Sig-Sauer 220. Wilson Combat bietet das Modell »Hunter« werksmäßig in .460 Rowland an. Es ist auch kein Problem, Revolver Kaliber .45 ACP auf die .460 Rowland umzurüsten. Dazu müssen nur die Trommelkammern etwas tiefer gebohrt werden. Mit dem Ruger »Blackhawk« und den Smith & Wesson-Modellen 25 und 625 wird dies gelegentlich umgesetzt, um höhere Leistungen zu generieren. Bei einer Neuanschaffung bringt es nicht viel, hier stellt ein Revolver gleich in .44 Magnum eindeutig die bessere Wahl dar. Außerdem erspart man sich die Problematik einer randlosen Hülse in einer Revolvertrommel. Mehrere Jahre stellte Dan Wesson einen Revolver speziell für die .460 Rowland her, der auch Patronen .45 ACP, .45 Super und .45 Winchester Magnum verschoss.

Zuhause ist die .460 Rowland aber in einer Selbstladepistole, und hier kann sie ihr Potenzial als echte »Power-Patrone« ausleben. Rowland gibt für seine Fabriklaborierung mit 240-grs-JHP eine Mündungsgeschwindigkeit von 412 m/sek an, was einer Mündungsenergie von 1320 Joule entspricht. Das 230-grs-Vollmantel-Standardgeschoss der .45 ACP lässt sich auf beeindruckende 420 m/sek. beschleunigen und erzielt eine identische E_0. Ein leichtes 185-grs-Projektil kommt auf 465 m/sek. In den USA stellt eine konvertierte .45er eine interessante Alternative für die

Jagd mit Kurzwaffen dar, wird aber auch gern als Selbstverteidigungswaffe eingesetzt. Die Durchschlagskraft und Stoppwirkung liegt signifikant höher als bei einer .45 ACP, wobei die Waffenabmessungen kaum größer ausfallen. Lediglich der Kompensator bringt etwas mehr Baulänge. Eine richtig eingestellte Pistole verschießt zudem nicht nur die .460 Rowland, sondern auch die normale .45 ACP. Die Treffpunktlage ändert sich natürlich, so dass ein verstellbares Visier hier von Vorteil ist. Der Wechsel von Lauf und Verschlussfeder dauert nur wenige Minuten, so dass es auch kein größeres Problem gibt, wenn die Pistole mit den schwächeren .45 ACP nicht zuverlässig nachlädt. Ein Wechsellauf .460 Rowland bietet eine preiswerte und problemlose Möglichkeit zur Leistungssteigerung einer .45er-Pistole - und zwar mit einem deutlichen Mehr an Leistung.

Dem Wiederlader bietet die Patrone ein breites Betätigungsfeld, denn .45er-Geschosse gibt es in reichhaltiger Auswahl. Er muss natürlich aufpassen, sofern es nicht nur darum geht, Papierschieben zu lochen. Der Zielwiderstand wächst nunmal im Quadrat zur Geschwindigkeit. Herkömmliche Hohlspitzgeschosse werden aus der .460 Rowland überexpandieren und nicht die gewünschte Tiefenwirkung bringen. Das .240-grs-XTP Mag von Hornady stellt eine gute Wahl dar, ebenso die monolithischen XPB-Geschosse von Barnes. Auch der deutsche Hersteller Reichenberger führt Kupfergeschosse für Kurzwaffen im Angebot, die sehr stabil sind. US-Jäger schwören auch bei der .460 Rowland auf gegossene Hartbleigeschosse mit Gas-Check. Unter dem Strich zählt die .460 Rowland wohl zu den sinnvollsten und am einfachsten zu handhabenden »Wildcats«.

Die .460 Rowland ist nur geringfügig länger als eine .45 ACP, entwickelt aber fast den doppelten Gasdruck.

.475 Wildey

Die Wildey Incorporation brachte 1983 die Patrone .475 Wildey mit gleicher Gesamtlänge wie die .45 Winchester Magnum heraus – jenem Kaliber, für das die große »Wildey«-Pistole eingerichtet worden war (siehe Abschnitt über die .45 Winchester Magnum). Konzipiert war sie aber eigentlich für die 9 mm Winchester Magnum und das Magazin sollte 15 Patronen in Zickzack-Lagerung aufnehmen. Entsprechend groß fällt der Magazinschacht aus und da lassen sich auch dicke Patronen unterbringen, auch wenn sie gestaffelt übereinander liegen. Um dem großen 2-kg-Gasdrucklader etwas mehr Leistung einzuhauchen, brachte die Firma Wildey 1990 das Modell »Survivor« Kaliber .475 heraus. Gemäß den vollmundigen Ankündigungen sollte die Geschwindigkeit der Patrone noch auf 100 Yards (91 m) der Mündungsgeschwindigkeit der .44 Magnum entsprechen. Wildey bot Wechselsysteme in .45 Winchester Magnum an; weitere Wildey-Kaliber sollten folgen. Aus der .357 Wildey, auch als .357 Peterbuilt bezeichnet, einer Art .357/45 Grizzly wurde aber gar nichts, und die .41 Wildey (oder 10 mm Wildey Magnum), die .44 Wildey Magnum und die .45 Wildey Magnum wurden nach kurzer Zeit wieder eingestellt. Lediglich die .475 Wildey wurde mit der Wildey »Survivor« serienmäßig in einigermaßen erwähnenswerten Stückzahlen gefertigt. Das mag auch an Hollywood gelegen haben, denn die Wildey »Survivor« in .475 Wildey spielte in dem Film *Ein Mann sieht rot 3, Der Rächer von New York* mit Charles Bronson die »technische Hauptrolle« und errang dadurch Kultstatus.

Die .475 Wildey hat zwar die gleichen Außenabmessungen wie die .45 Win. Mag.. Zur Herstellung aber einfach Hülsen .45 Win. Mag. aufzuweiten, geht leider nicht, die werden deutlich zu kurz. Als Ursprungshülse dient daher die .284 Winchester, die Winchester für den Unterhebelrepetierer Mod. 86 und den Halbautomaten Mod. 100 entwickelte. Die Hülse wird auf 30,45 mm abgelängt und dann zylindrisch zur Aufnahme der .475er Geschosse aufgeweitet. Diese Mühe braucht man sich aber nicht mehr zu machen, seit Starline fertige Hülsen produziert, die auch in Deutschland erhältlich sind.

Bei der Geschossversorgung sah es ziemlich schlecht aus, als die Patrone mit der »Survivor« auf den Markt kam. Wildey kürzte anfangs Barnes-Büchsengeschosse auf 250 und 300 grs, um Mantelgeschosse zu erhalten. Die Verwendung von Bleigeschossen war in dem Gasdrucklader sicherlich keine gute Wahl, sie schmierten die Gasbohrungen zu. Bleigeschosse mit etwa 20 Brinell Legierungshärte bildeten eine Ausnahme, zumal die sechs Gasbohrungen der »Wildey«-Pistole genau in den Zügen liegen. Der Reinigungsaufwand bleibt aber bei Bleigeschossen, gleich welcher Art, ziemlich hoch. Die meisten Geschosstypen sind auch für Revolver ausgelegt und weisen eine zu stumpfe Spitze für die sichere Zuführung in Selbstladern auf.

Wiederlader können sich heute über eine weitaus bessere Geschossversorgung freuen, da andere .475er-Kaliber wie .475 Linebaugh und .480 Ruger aufkamen und der Bedarf stieg. Hornady hat ein 325-grs-XTP im Programm, Speer ein gleich schweres Deep Curl TM sowie ein 275-grs-Hohlspitz. Leigh Defence bietet das 300-grs-Xtreme Penetrator und ein 330-grs-Flachkopf-Kupfergeschoss an.

Die Leistung der .475 Wildey ist beachtlich, auch wenn Wildey sie etwa zurück nahm. Ursprünglich hatte die Firma aus dem 10-Zoll-Lauf der »Survivor« für das 250-grs-Teilmantelgeschoss 535 m/sek und damit 2300 Joule in Aussicht gestellt. Die endgültige Leistung wurde dann auf 520 m/sek und damit 2190 Joule festgelegt. Der Gasdruck ist nicht höher angesetzt als bei der .45 Win. Mag. und beträgt 3000 bar. Gegenüber der »Wildey«-Pistole in .45 Win. Mag., die aber »nur« einen 8-Zoll-Lauf aufweist, bringt die .475 damit fast 800 Joule mehr an Mündungsenergie. Dafür entwickelt sie aber auch deutlich mehr Rückstoß und verlangt vom Schützen kräftiges Zupacken.

Von links: .44 AMP, .45 Win. Mag. .45 Wildey, .475 Wildey. Die .475 Wildey hat die gleiche Gesamtlänge wie die .45 Winchester

Eine Wildey »Survivor« Kaliber .475 Wildey mit Wechselsystem .45 Win. Mag. stellt fraglos einen technischen Leckerbissen dar und bietet jede Menge Schießvergnügen. Die Patronenherstellung schreckt den versierten Wiederlader kaum; die Komponenten sind problemlos erhältlich. Die Wildey »Survivor« befindet sich derzeit (2025) noch in Produktion und wird mit 8, 10 und 12 Zoll Lauflänge angeboten. Dazu gibt es Wechselsysteme in .45 Win. Mag. und seit kurzem auch in .44 Automag.

Wildey brachte 1990 das Modell »Survivor« im Kaliber .475 Wildey auf den Markt.

.500 Wyoming Express

Die Firma Freedom Arms entwickelte 2005 speziell für ihr Modell 83 die leistungsstarke Revolverpatrone .500 Wyoming Express. Die .50 Action Express erwies sich als nicht optimal: bei einer Hülse, die als Hülsenmund-Anlieger arbeitet, ist es schwierig, das Geschoss mit einem starken Rollcrimp festzulegen. Randpatronen im .50er-Kaliber wie die .500 Linebaugh oder die .500 Smith & Wesson ließen sich im Modell 83 nicht unterbringen, da sich die Patronenränder in der schlanken 5-Schuss-Trommel überlappt hätten. Daher entwickelte Freedom Arms eine völlig neue Patrone und mit der .500 Wyoming Express zugleich die erste Revolverpatrone mit Gürtel. Die Hülse liegt mit dem Gürtel in der Trommel an, so dass es kein Problem darstellt, das Geschoss mit einem starken Crimp zu sichern. Verwendet werden Geschosse DIA .500, wie auch bei der .500 S&W üblich. Damit gibt es ausreichend Fabrikgeschosse für die Patrone. Anders sieht es bei den Hülsen aus. Die .500 WE entstand auf dem Reißbrett, weshalb es keine echte Mutterhülse gibt, aus der man sie umformen könnte - auch wenn die Boden- und Gürtelabmessungen denen der Gewehrpatrone .375 H&H ziemlich ähneln. Die Hülsenlänge beträgt 34,8 mm, die Gesamtlänge der Patrone 44,8 mm.

In den USA stellt die Firma Jamison Hülsen .500 WE her; die einzigen Fabrikpatronen kommen von der Firma Grizzly Cartridge, die Jamison-Hülsen nutzt. In Deutschland an fertige Munition zu kommen, dürfte kaum gelingen. Schon die Hülsenbeschaffung ist schwierig, Matrizensätze bietet RCBS an. Die Hülse ist für große Gewehrzündhütchen ausgelegt. Von der Leistung her liegt die .500 Wyoming Express zwischen der .500 Linebaugh und der .500 Smith & Wesson. Bei vergleichbaren Geschossgewichten schlägt die .500 Wyoming Express die .500 Linebaugh um etwa 30–50 m/sek. An die Leistung der .500 Smith & Wesson kommt sie nicht heran, was bei dem deutlich kleineren Hülsenvolumen auch verwunderlich wäre. Der Höchstgasdruck liegt bei 3400 bar.

Was auf den ersten Blick als überflüssige Neuentwicklung erscheint, wandelt sich sehr schnell, wenn man die dazu passende Waffe betrachtet. Der Freedom Arms Modell 83 ist ein schlanker und handlicher *Singe Action*-Revolver. Im Kaliber .500 WE mit 7½-Zoll-Lauf wiegt er gerade mal 1400 g, also etwa so viel wie ein Ruger »Super Blackhawk« Kaliber .44 Magnum mit gleicher Lauflänge, erbringt aber viel mehr Leistung. Ein Linebaugh ist schwächer und auch etwas schwerer, der Smith & Wesson Kaliber .460 S&W eine wahre »Monsterkanone« dagegen. Der Freedom Arms in .500 WE ist eine Waffe für Leute, die einen leistungsstarken Revolver problemlos im Holster führen wollen, etwa als Lebensversicherung gegen Grizzlys bei einem Tripp durch die Wildnisse Alaskas. Er ist schon ziemlich einzigartig: alles was kleiner ist, ist auch deutlich schwächer, und um noch mehr Leistung zu bekommen, ist eine erheblich größere Waffe erforderlich. Hinzu kommt, dass sich Revolver von Freedom Arms aufgrund ihrer ergonomischen Griffgestaltung noch angenehm schießen lassen und hervorragend verarbeitet sind. Es besteht ein optimales Verhältnis von Waffengewicht zu Leistung. Ladedaten für die .500 Wyoming Express lassen sich online auf der website von Freedom Arms abrufen. Diese Daten wurden bei der Hodgdon Powder Company auf Gas-

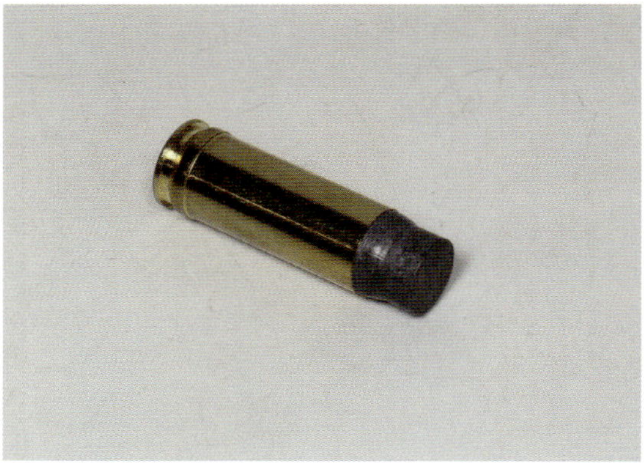

Die .500 Wyoming Express stellt die erste Revolverpatrone mit Gürtel dar. Die Firma Freedom Arms entwarf sie speziell für ihren Revolver Modell 83.

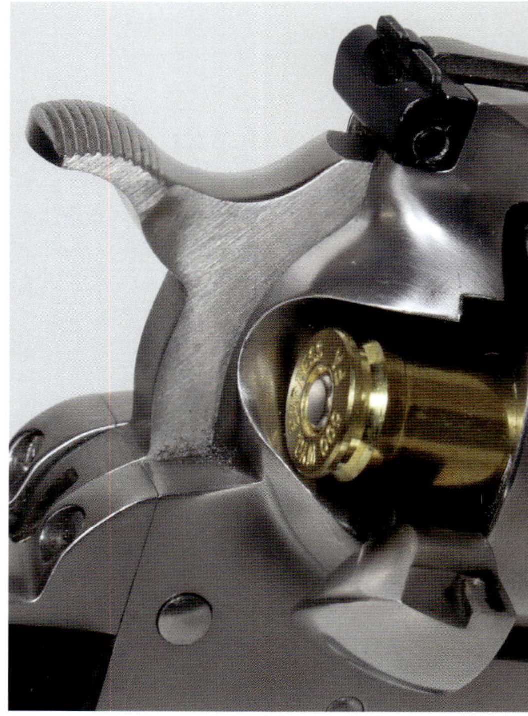

Freedom Arms-Revolver Modell 83 in .500 Wyoming Express.

druck getestet und sollten also sicher sein. Freedom Arms baut das Modell 83 im Kaliber .500 WE in den Lauflängen 4¾, 6 und 7½ Zoll. Um die Leistung der .500 WE einerseits voll auszuschöpfen und sich andererseits nicht den Spaß am Schießen zu verderben, dürfte die Ausführung mit 7½-Zoll-Lauf die beste Wahl darstellen.

.50 Alaskan

Die auf der Kenai-Halbinsel Alaskas beheimateten Jäger Harold Johnson und Harold Fuller entwickelten in den 1950er-Jahren auf Grundlage von Hülsen der .348 Winchester die Patrone .50 Alaskan. Sie wollten eine Patrone schaffen, die sich in einem handlichen Unterhebel-Repetierer unterbringen ließ, die notfalls einen der großen Alaska-Braunbären stoppen konnte. Die Hülse misst 53,3 mm in der Länge und das Geschoss 0,510 Zoll im Durchmesser. Als erster Waffe verpassten sie 1952 einer Winchester 86 einen neuen Lauf im Kaliber .50 Alaskan. In den späteren 1950er- und in den 1960er-Jahren bauten sie hauptsächlich Winchester-Modelle 71 um, die sich besser eigneten. Aus dem Gewehrlauf erreichte das 400-grs-Geschoss 640 m/sek und kam auf gut 5400 Joule Mündungsenergie. Johnson behauptete, seine Patrone sei in der Lage, einen Elch oder Grizzly sicher zu durchschlagen, egal aus welchem Winkel auf das Tier geschossen würde. Er habe nie ein Geschoss aus einem solchen Wild bergen können. Heute werden hauptsächlich Marlin-Unterhebel-Repetierer für die .50 Alaskan eingerichtet. In Deutschland macht dies etwa die Firma Hauk Waffenbau in Neustadt an der Weinstraße und in den USA die Firma Wild West Guns. Das Marlin-Modell »Co-Pilot« wird sogar in rasch zerlegbarer *Take-Down*-Ausführung gefertigt. Fabrikpatronen stellt der US-Hersteller Buffalo Bore her. In Deutschland werden sie aber nur sehr schwer zu bekommen sein. Hülsen gibt es von Starline Brass und Hornady hat einen Matrizensatz im Programm.

Es war natürlich nur eine Frage der Zeit, bis für diese Patrone auch Kurzwaffen eingerichtet wurden. Es entstanden zahlreiche *Custom Guns*, meist auf Basis eines BFR-Revolvers. Der 6¾-Zoll-Lauf des BFR beschleunigt ein 400-grs-Hartbleigeschoss auf 470 m/sek, was eine Mündungsenergie von 2860 Joule ergibt. Ob sich so ein Umbau lohnt, ist eine andere Frage, denn BFR-Revolver gibt es ja fabrikmäßig auch in .500 S&W oder .500 Linebaugh; sie sind in der Leistung ebenbürtig, wenn nicht noch etwas überlegen. Sinn kann es machen, wenn ein Unterhebel-Repetierer vorhanden ist und die gleiche Patrone in beiden Waffen verwendet werden kann. Auch Läufe für die Thompson/Center »Encore« sind in .50 Alaskan zu haben, und aus einem 14-Zoll-Rohr ohne Trommelspalt ist die Leistung nochmals deutlich höher.

Patronen .500 Alaskan von Wild West Guns.

Die stärkste Faustfeuerwaffe der Welt

Wie bei Autos, Motorrädern und vielen anderen Dingen gibt es auch bei Faustfeuerwaffen eine Art Wettkampf um die leistungsstärkste Waffe. Schon seit der Entstehung der Feuerwaffen strebten Waffenbauer danach, die Höchstleistung an Geschwindigkeit und Energie aus ihren Waffen heraus zu holen. Es begann schon in der Vorderladerzeit, als Perkussionspistolen im gleichen Kaliber wie Infanteriegewehre gebaut wurden. Wirklich gewaltig waren die *Howdah*-Pistolen (siehe dort), die als eine Art Lebensversicherung bei Tigerjagden vom Elefantenrücken aus eingesetzt wurden. Zunächst als Vorderladerpistolen gebaut, gab es sie später auch für Metallpatronen etwa im Militärkaliber .577 Snider. Solche *Howdah*-Pistolen konnten ein 500-grs-Bleigeschoss auf immerhin 350 m/sek Mündungsgeschwindigkeit beschleunigen und damit etwa 2000 Joule Mündungsenergie erzeugen. Für die damalige Zeit gewaltig. Um die Wende vom 19. zum 20. Jahrhundert kamen dann zahlreiche Konstruktionen auf den Markt, die durchaus beeindruckende Energieleistungen aufwiesen, wie etwa die Selbstladepistole Modell »Mars« von Fairfax im Kaliber .360 Mars, die eine Mündungsenergie von satten 1300 Joule lieferte. Damit gab es schon um die Jahrhundertwende Faustfeuerwaffen, die so leistungsstark waren wie heutige moderne Magnum-Kurzwaffen. Die Bezeichnung »Magnum« wurde offiziell erst Mitte der 1930er-Jahre gebräuchlich, als Smith & Wesson 1935 den Revolver .357 Magnum herausbrachte. Die .44 Magnum bildete den nächsten Schritt. Richtig los mit der Entwicklung leistungsstarker Kurzwaffen ging es, als das Metallsilhouetten-Schießen aufkam, bei dem schwere Metallziele auf Distanzen bis zu 200 m mit Kurzwaffen beschossen werden. Die schweren Ziele müssen nicht nur getroffen werden, sondern auch umfallen, wozu es einer hohen Zielenergie bedarf. Zu dieser Zeit entstanden die Patronen von Elgin Gates und später die »Monster-Mags« von Linebaugh. Damit begann ein Wettkampf um die Spitze der Rangliste der stärksten Faustfeuerwaffen. Es entstanden Konstruktionen, gegen die Magnumwaffen in .454 Casull, .500 Linebaugh oder .500 Smith & Wesson wie Kleinkaliber wirken. Angefangen hat es wohl mit den Wilson-Revolvern für die Gewehrpatrone .45/70 Government, gefolgt von Century Arms und Bates. Bekanntester Hersteller für wirklich dicke »Handkanonen« dürfte aber wohl Magnum Research mit den für leistungsstarke Patronen wie die .444 Marlin eingerichteten BFR-Modellen (= *Bigest Finest Revolver*; Größter, bester Revolver). Einfacher fiel es natürlich, Einzellader-Pistolen mit Zylinder- oder Kipplaufverschluss für starke Kurzwaffenpatronen einzurichten. Für die »Contender«-Pistole entstanden so auch zahlreiche »Wildcat«-Kaliber, für die Büchsenmacher oder kleine Firmen Wechselläufe herstellten. Thompson/Center übernahm dafür natürlich weder Verantwortung noch Garantie. Es kam, wie es kommen musste: einige »Contender«-Pistolen segneten bei Beschussversuchen das Zeitliche. Als bekanntester Fremdhersteller für »Contender«-Läufe trat die Firma SSK Handcannons aus Wintersville/Ohio in Erschei-

Der 600 NE von Pfeifer bringt stolze 6,5 kg auf die Waage.

nung. Ihr Inhaber, der begeisterte Jäger J.D. Jones, bot eine ganze Palette eigener Kaliber an, ausgelegt für maximale Leistungsausbeute aus »Contender«-Läufen, etwa die .373 JDJ, die auf einer eingezogenen .444-Marlin-Hülse basierte.

Wirklich »ernst« wurde es, als 1995 der Pfeifer-Zeliska-Revolver im Großwildkaliber .458 Winchester Magnum erschien. Ein Kaliber, das man jagdlich zur Elefantenjagd einsetzt – allerdings aus schweren Repetier- oder Doppelbüchsen. Der fünfschüssige, 5,2 kg schwere Revolver ging auf eine Idee von Adolf Zeliska zurück und wurde von der Büchsenmacherei Pfeifer in Feldkirch/Voralberg von Büchsenmachermeister Otto Ziller entwickelt und gebaut. Die .458 Winchester Magnum brachte aus dem Revolverlauf eine Mündungsenergie von über 4900 Joule und ließ damit die bisherigen Super-Magnums buchstäblich »alt aussehen«. Wer damit schoss, musste schon einen beachtlichen Rückstoß verkraften können. Fast 5000 Joule aus einem Revolverlauf scheinen gewaltig – und sind es auch. Damit setzte sich der Pfeifer-Zeliska-Revolver an die ballistische Spitzenposition, behielt sie allerdings nicht lange. Die Konkurrenz kam aus dem eigenen Haus.

Der Revolver-Gigant von Pfeifer in .600 Nitro Express

Auf Grundlage des .458er-Revolvers entwickelte Otto Ziller, seines Zeichens Büchsenmachermeister der Firma Waffen-Pfeifer, einen gewaltigen Revolver für die Elefantenpatrone .600 Nitro Express, die bis zum Erscheinen der .460 Weatherby als stärkste Jagdpatrone der Welt galt. War der .458er-Revolver mit über fünf Kilogramm schon schwer, so brachte der .600er bei 550 mm Gesamt- und 336 mm Lauflänge stolze 6,5 kg auf die Waage. Mit einem Querschnitt von 24 x 11 mm weist die Rahmenbrücke beruhigende Dimensionen auf, wirkt aber keinesfalls überdimensioniert. Der Rahmen besteht aus Vergütungsstahl 42CrMo4. Der Rahmenausschnitt für die Trommel misst 103 mm in der Länge und 72 mm in der Höhe. Die fünf Patronen fassende, glatte Trommel ist 98 mm lang und hat einen beachtlichen Außendurchmesser von 69 mm. Die Lager für die .600er-NE-Patronen wurden aus Sicherheitsgründen gegen Hülsenreißer eingesenkt. Die Wandstärke der Patronenlager beträgt 5,5 mm. Die Arretierungsnuten für die Trommelstoppklinke liegen versetzt genau zwischen den einzelnen Patronenlagern, um die Wandstärke an den dünnsten Trommelstellen nicht zu schwächen. Die gewaltige Trommel besteht ebenfalls aus 42CrMo4-Vergütungsstahl und wiegt mit 1950 g mehr als ein Casull-Revolver mit 7½-Zoll-Lauf! Der rechts am Lauf angeschraubte Ausstoßer befördert die abgeschossenen, 76 mm langen .600 NE-Hülsen absichtlich nicht vollständig aus den Patronenlagern, damit die teuren Hülsen nicht auf den Boden fallen und beschädigt werden. Der gehämmerte Lauf stammt von Heym und weist einen Mündungsdurchmesser von 27 mm auf. Als Schloss dient ein *Single Action*-Revolverschloss in traditioneller Bauweise. Der Abzug besitzt Matchqualität. Die Visierung besteht aus einem 4.5 mm breiten Balkenkorn auf einem 10 mm hohen Kornsattel und einer in Höhe und Seite verstellbaren U-Kimme mit 3,5 mm breitem Ausschnitt. Die Visierlinie beträgt beachtliche 440 mm.

Bei einer Faustfeuerwaffe kann man natürlich alles etwas größer konstruieren, wenn es das Kaliber erfordert. Allerdings nicht den Griff. Den hat Otto Ziller sehr gut umgesetzt. Das dem Ruger »Bisley« nachempfundene Griffstück aus Maschinenbaustahl Ck45 schraubte er wie beim Colt SAA an den Rahmen. Die Griffschalen bestehen aus geöltem Nussbaum-Wurzelmaserholz. Der runde Abzugsbügel ist so groß gehalten, dass sich die Waffe auch mit Handschuhen schießen lässt – hier dringend zu empfehlen! Bei der Verarbeitungsqualität braucht sich der Pfeifer-Revolver hinter einem Korth nicht zu verstecken. Vom Preis her bekommt man dafür aber wohl ein halbes Dutzend Korth-Revolver, was bei einer in über 200 Handarbeitsstunden hergestellten Waffe auch nicht verwundert. Der Prototyp befindet sich heute in einer Schweizer Waffensammlung.

Was leistet die .600 NE aus einem Revolverlauf?

Ein bei Doppelbüchsen üblicher 60 bis 65 cm langer Büchsenlauf beschleunigt ein 900-grs-Geschoss .600 Nitro Express auf eine Mündungsgeschwindigkeit von 600 m/sek. Das entspricht 10.500 Joule und bringt jeden Elefanten bei einem Kopftreffer sofort zu Boden. Professionelle Elefantenjäger nutzten die .600 NE daher gern als Nachsuchewaffe auf angeschossene Dickhäuter – quasi als Lebensversicherung. Der Höchstgasdruck der Patrone beträgt nach CIP 2200 bar, Fabrikmunition dürfte auf etwa 1700 bis 1800 bar laboriert sein.

Aus dem nur halb so langen Revolverlauf bleiben von dieser gewaltigen Leistung noch 450 bis 460 m/sek übrig, woraus sich eine Mündungsenergie von etwa 6200 Joule errechnet. Der Leistungsverlust gegenüber dem Büchsenlauf beträgt damit nur etwas mehr als 25 % bei der Geschwindigkeit und knapp 40 % bei der Mündungsenergie. Erstaunlich wenig und von der Leistung her für eine Faustfeuerwaffe gewaltig. Dazu liefert der Revolver aber auch jede Menge Rückstoßenergie, die bei knapp 100 Joule liegt. Viel schießen wird man mit einer solchen Waffe wohl kaum, was nicht nur am Patronenpreis von etwa 35 € pro Schuss liegen dürfte. Freihändig ist der überschwere Revolver kaum händelbar, wenn man etwas treffen will. Über ein Holster für die Waffe sollte man erst gar nicht nachdenken. Aufgelegt lässt sich aber eine erstaunliche Präzision erzielen. Mit dieser Leistung kann sich der Pfeifer-Revolver wohl als stärkste Faustfeuerwaffe der Welt bezeichnen. Fragt sich wie lange noch, irgendwo auf der Welt wird sicher schon an einer noch leistungsstärkeren Kurzwaffe gebastelt.

Der Pfeifer-Revolver .600 NE fand auch schnell einen Nachahmer und blieb nicht der einige Revolver für die .600 NE. In Deutschland entstand der »Kodiak«-Revolver, der sogar in einer Auflage von 100 Stück als Serienwaffe geplant wurde. Wie viele tatsächlich gebaut und verkauft wurden, blieb bislang allerdings unbekannt. Als Konstrukteur des »Kodiak« traten Joe Peters und als Investor Michael Nixdorf in Erscheinung. Der Name Nixdorf sagt jedem etwas, der sich mit Computern beschäftigt. Michael Nixdorf war aber auch Gesellschafter der Waffenhandelsfirma GTG (Gun Trade GmbH) und schloss sich mit der Peters Sportwaffen GmbH zusammen, um dieses Projekt zu verwirklichen. Peters setzte für die Fertigung des Rahmens aus Werkzeugstahl 50 CRV4 ein modernes Drahterosions-Verfahren ein. Der Lauf stammt wie beim Pfeifer-Revolver von Heym, ist hier aber als Wechsellauf konzipiert. Dazu gibt es einen Wechsellauf und eine Wech-

Größenvergleich der 600er-Trommel mit einer Trommel .454 Casull.

seltrommel in .458 Win. Mag. – falls man es mal etwas »gemütlicher« angehen will. Weitere Wechselsysteme für die Schrotkaliber 12/70 und 16/70 waren ebenfalls geplant. Mit 247 mm (10 Zoll) fiel der Lauf des »Kodiak« deutlich kürzer als beim Pfeifer-Revolver aus. Mit gut 5 kg wiegt der »Kodiak« daher auch deutlich weniger als der Pfeifer, was das Schießvergnügen nochmals steigern dürfte! Die Mündungsgeschwindigkeit liegt mit 900-grs-Geschossen bei 420 m/sek. Aufgrund seines längeren Laufs bringt der Pfeifer etwas mehr Energie und verteidigt damit Platz 1 auf der Liste

Ein S&W .44 Magnum wirkt geradezu zierlich gegen den Revolver-Giganten von Pfeifer in .600 Nitro Express.

der stärksten Faustfeuerwaffen erfolgreich. Die Frage nach dem Sinn solcher Waffen sollte man gar nicht erst stellen. Nicht alles was machbar ist und Spaß macht, ist auch sinnvoll. Sonst ergäbe es auch keinen Sinn, für sehr viel Geld Formel-1-Rennwagen zu konstruieren und damit im Kreis zu fahren, von so genannten *Drag Cars* und ihren Rennen ganz zu schweigen. Hier geht es lediglich darum auszuloten, was machbar ist und wo die Grenzen liegen. Bei den fortschreitenden technischen Möglichketen ist allerdings absehbar, dass die Grenzen eher beim Benutzer als beim Material liegen.

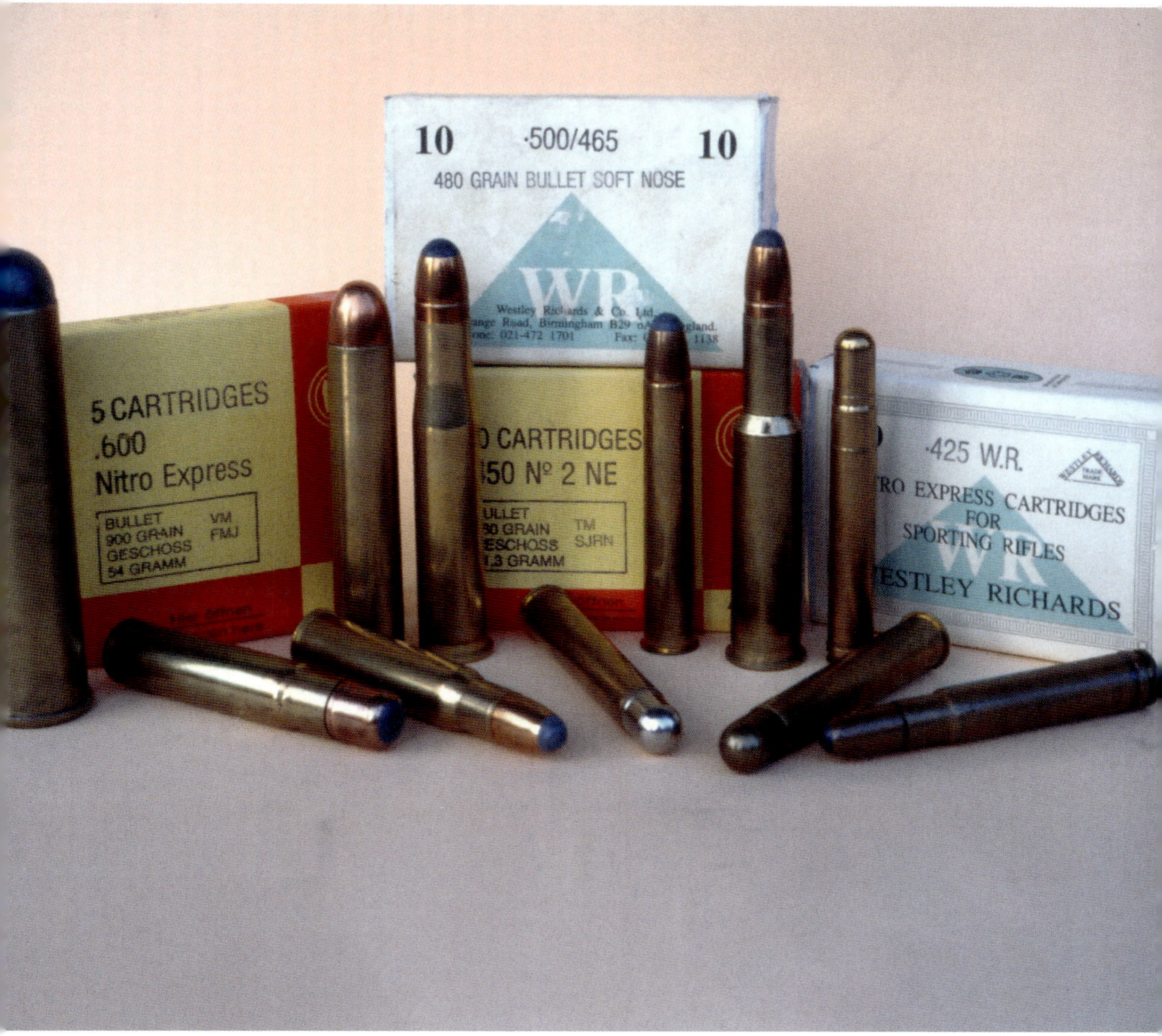

Nito-Express-Patronen bieten reizvolle Möglichkeiten, um einen Supermagnum-Revolver zu bauen. Pfeifer hat das mit der 600 NE eindrucksvoll umgesetzt.

Schießen mit leistungsstarken Kurzwaffen

Großkalibrige Magnums werden nicht ohne Grund »Handkanonen« genannt. Mit einer leistungsstarken Kurzwaffe präzise zu schießen, ist nicht einfach und bedeutend schwieriger als der präzise Schuss mit einer Büchse. Hier lässt sich nicht der ganze Körper zur Stabilisierung der Waffe einsetzen, indem der Schütze den Schaft fest in die Schulter einzieht und sich – je nach Anschlag – mit Armen, Beinen und Rumpf abstützt. Wer zu unbedarft an die Sache heran geht und eine »Magnum« abfeuert, ohne die richtige Technik zu kennen und sich langsam bei der Kaliberwahl zu steigern, gewöhnt sich leicht das »Mucken« an. Die Treffergebnisse fallen dann alles andere als befriedigend aus. Wer einmal den Rückstoß einer »Magnum« besonders schmerzhaft zu spüren bekommen hat, weil Anschlag und Griffhaltung nicht passten, hat ein Problem. Das negative Erlebnis verankert sich tief im Unterbewusstsein; man bekommt es nur schwer wieder los. Daher ist es auch keinesfalls lustig, einem Neuling auf dem Schießstand eine Magnumwaffe in die Hand zu drücken und ihn aufzufordern »doch mal eine Trommel zu leeren«. Moderne Magnumwaffen sind hochpräzise – wenn man mit ihnen richtig umgeht. Es bringt wenig, mit einer »Supermagnum« in einem Linebaugh-Kaliber, einer .454 Casull oder 500 S&W zu beginnen. Man sollte sich eher langsam an die Sache herantasten. Ein .357-Magnum-Revolver lässt sich noch sehr gut beherrschen, ein .44 Magnum bedarf schon etwas mehr Übung für gute Streukreise. Wer in der Lage ist, mit einem .44 Magnum längere Serien von 15–20 Schuss zu bewältigen und dabei gleich bleibende Treffergebnisse erzielt, kann über die echten Großkaliber nachdenken. Magnum-Kurzwaffen entwickeln nicht nur einen beachtlichen Rückstoß, sondern auch einen extremen Mündungsknall. Unverzichtbar ein guter Kapselgehörschutz, der das Ohr vollständig umschließt. Eine noch bessere Dämmung lässt sich erreichen, wenn vorher die Gehörgänge zusätzlich mit weichen, anschmiegsamen Ohrstöpseln verschlossen wurden. Ebenso sollte eine Schutzbrille zum grundsätzlichen Standard beim Faustfeuerwaffen-Schießen gehören. Vor allem großkalibrige Selbstladepistolen vom Schlage der »Desert Eagle« neigen dazu, Pulverpartikel nach hinten in Richtung Schützenaugen auszublasen. Feuert der Nebenmann auf dem Schießstand einen Magnum-Revolver ab, werden links und rechts des Luftspalts zwischen Lauf und Trommel jede Menge Pulvergase ausgeblasen. Fluchtet eine der Trommelkammern nicht exakt mit dem Lauf, können sogar Partikel vom Geschossmantel abscheren und mit Hochgeschwindigkeit zum Nachbarschützen fliegen.

Auch ein guter Schießhandschuh, der den empfindlichen Bereich zwischen Daumen und Zeigefinger schützt und die Handinnenfläche abpolstert, sollte beim Schießen mit Waffen über Kaliber .44 Magnum unbedingt getragen werden. Der Handschuh schützt nicht nur die Hand, sondern stabilisiert auch das Handgelenk. Fingerlose Modelle schränken überdies die Waffenkontrolle nicht ein.

Eine Reihe von Faktoren beeinflussen den Rückstoß von Faustfeuerwaffen:

- Gewicht des Waffe
- Form des Griffes
- Geschossgewicht
- Geschossgeschwindigkeit

Je schwerer die Waffe, desto schwächer empfindet der Schütze den Rückschlag. Leider lässt sich das Waffengewicht nicht unbegrenzt erhöhen, da ein freihändiges Schießen sonst nicht mehr möglich ist. Eine 4 kg schwere Büchse mit nur einer Hand zu halten und abzufeuern, bringt ja auch keine Präzision. Je nach Muskelkraft des Schützen liegt das Höchstgewicht einer Kurzwaffe, mit der er im beidhändigen Anschlag noch präzise schießen kann, bei etwa 2,5 kg. Alles was schwerer ist, muss von einer Auflage geschossen werden. Jäger, die mit Faustfeuerwaffen jagen, benutzen dazu gern dreibeinige Schießstöcke, die sich schnell aufstellen lassen und die Präzision erheblich erhöhen.

Die Griff-Form von Selbstladepistolen, aber auch von Hahnspann- und Spannabzugs-Revolvern (*Single Action* und *Double Action*) unterscheidet sich erheblich. Supermagnum-Revolver werden meist als Hahnspanner gebaut und haben den typischen runden Griff des Colt SAA oder des Ruger »Bisley« (nebst Varianten). Im Schuss hebt sich bei dieser Griff-Form die Mündung an und der Griff rollt sozusagen in der Hand zurück. Dadurch braucht die Waffenbewegung einen Teil der Rückstoßenergie auf. Spannabzugs-Revolver neigen hingegen zum Zurückprallen in der Hand, was den Rückstoß wesentlich härter empfinden lässt. Bei Selbstladepistolen dagegen ist es nicht ratsam, die Waffe in der Hand rollen zu lassen. Dies kann den Repetiervorgang des Schlittens stören und eine Zuführstörung bewirken. Die Griffstücke von Selbstladepistolen sind daher so ausgelegt, dass sich der Rückstoß geradlinig in die Hand des Schützens überträgt. Je nachdem, ob die Waffe in der Hand rollt oder geradlinig zurückstößt, muss die Auswahl der Griffschalen erfolgen. Großkalibrige *Single Action*-Revolver benötigen möglichst glatte Griffschalen aus Holz oder Büffelhorn, die sich ungehindert in der Hand des Schützen bewegen können. Stumpfe Neoprengriffe oder Holzgriffschalen mit Fischhaut würden dafür sorgen, dass nach einigen Schüssen die Haut in den Handinnenflächen wegradiert ist. Bei *Double Action*-Revolvern oder Selbstladepistolen sind dagegen weiche Neoprengriffe à la Pachmayr erste Wahl. Diese Griffe haben hinten im Rücken einen Hohlraum, der beim Rückstoß zusammengedrückt wird und so die Stoßenergie abmindert.

Der sichere Stand

Beim Stehendanschlag mit Faustfeuerwaffen unterscheidet man in der Regel zwei grundsätzliche Fußstellungen. Einmal die parallel zum Ziel ausgerichtete Stellung, bei der die Füße nebeneinander auf einer Linie stehen. Zum anderen die so genannte Weaver-Haltung. Die Positionierung der Füße erfolgt hier in einer Art Boxstellung, wobei der rechte Fuß auf etwa 45 Grad zur Seite und nach hinten auf Schulterlänge abgewinkelt wird. Den größten Teil seines Gewichts verlagert der Schütze auf den vorderen Fuß, biegt das vordere Knie leicht und stellt das hintere Bein fast gerade. Der Oberkörper des Schützen sollte sich nach vorn an die Hüften lehnen, so dass sich die Schultern über dem vorderen Fuß befinden. Der hintere Fuß hilft, die Kraft des Rückstoßes abzufangen. Linksschützen müssen die Fußstellung natürlich umkehren. Während bei der parallel ausgerichteten Haltung beide Hände die Waffe mit gleicher Kraft greifen und festhalten, wird bei der Weaver-Haltung mit der linken Hand (auf Rechtsschützen bezogen) die Waffe nach vorn gedrückt und mit der rechten Hand zurück gezogen. Dadurch ergibt sich eine sehr stabile Waffenhaltung. Das Kräfteverhältnis Unterstützungs- zu Schusshand sollte etwa 70 zu 30 Prozent betragen. Liegt zu viel Kraft in der Schusshand, bewegt sich beim Abziehen die ganze Hand nach links (Rechtsschützen) und es entsteht das typische Links-Tief-Schussbild. Die Schusshand hält die Waffe in einer geraden Linie zu den Unterarmen und der Daumen zeigt in einer geraden Linie parallel zum Lauf nach vorn. Der Zeigefinger wird gerade hinter dem Abzug platziert und zieht ihn im 90-Grad-Winkel nach hinten.

Einen klassischen Fehler stellt das Überkreuzen der Daumen dar, wodurch zwischen Hand und Griffstück ein Hohlraum entsteht. Ein wirklich fester Griff ist so unmöglich.

Für das Schießen mit rückstoßstarken Faustfeuerwaffen eignet sich die Weaver-Haltung besser, denn sie gewährleistet einen deutlich sichereren Stand. Man gerät wesentlich leichter aus dem Gleichgewicht, wenn die Füße auf einer Linie stehen und das Gewicht auf beiden Beinen verteilt ist, als bei der Haltung mit Gewichtsverlagerung auf den vorderen Fuß. Wenn jemand so vor einem steht, reicht schon ein leichter Stoß mit der flachen Hand vor die Brust, um das Gleichgewicht zu stören. In der »Boxerstellung« geht das nicht so einfach.

Den Waffengriff sollte der Schütze so fest wie möglich umfassen, dabei aber nicht verkrampfen. Durch zu festen Griff stellt sich ein wahrnehmbares Zittern ein. Wichtig ist, dass beim Rückschlag die Arme nach oben gedrückt werden und nicht nur die Handgelenke, was bei zu lockerem Griff geschieht. Dies führt schnell zu schmerzenden Handgelenken und kann ernste Schäden nach sich ziehen. Die Ellenbogengelenke sind wesentlich stabiler und haben mehr Aktionsspielraum als die Handgelenke. Insofern sollte die Bewegung hier erfolgen.

Schießen mit »Super-Magnums« ist Schwerstarbeit.

Aufgelegtes Schießen mit Großkaliberwaffen ist deutlich belastender, da der Schütze den Rückschlag noch heftiger wahrnimmt. Längere Serien, etwa zum Justieren des Visiers oder zum Erproben neuer Ladungen, können in Schwerstarbeit ausarten.

Kräftiges Mündungsfeuer gehört zu den üblichen Begleiterscheinungen beim Schießen mit Magnum-Kurzwaffen.

Besonders kompakte Waffen in Großkalibern lassen sich nur schwer beherrschen.

Rückstoßminderung

Kickt die Waffe so heftig, dass der Schütze nicht mehr zu präzisen Schüssen in der Lage ist, muss über die Minderung des Rückstoßes nachgedacht werden. Präzision sollte nun einmal an erster Stelle stehen. Ein paar Hundert Joule mehr machen keinen Sinn, wenn die Kugel nicht dort trifft, wo sie soll. Das gilt gleichermaßen für das Scheibenschießen wie für die Jagd mit Kurzwaffen. Die naheliegendste Option stellt die Verminderung der Patronenleistung dar, also die Verwendung verringerter Ladungen, wenn Patronen selbst geladen werden. Wer ausschließlich Fabrikpatronen schießt, hat von dieser Option natürlich wenig. Zur Reduzierung des Rückstoße kann man das Geschossgewicht verringern oder die Pulverladung etwas abbrechen. Bei progressiven Pulvern ist jedoch Vorsicht geboten, hier gilt es die Ladedichte zu beachten. Eine zu geringe Ladung progressiven Pulvers in einer großen Hülse kann gefährlich werden. Ob es jedoch Sinn macht, eine »Supermagnum« mit schlappen Patronen zu »kastrieren«, ist eine andere Frage. Die bessere Lösung dürfte sein, von vornherein ein etwas leistungsärmeres Ka-

Empfehlenswert: Ein guter Schießhandschuh, der den empfindlichen Bereich zwischen Daumen und Zeigefinger schützt.

Bei Spannabzugs-Revolvern oder Selbstladepistolen ist ein weicher Neoprengriff à la Pachmayr erste Wahl.

Hahnspanner-Revolver in rückstoßstarken Kalibern sollten glatte Griffschalen aufweisen, damit sie im Schuss »rollen« und so einen Teil der Rückstoßenergie aufbrauchen.

liber zu wählen. Vor dem Kauf eines teuren »Supermagnum«- oder gar eines *Custom*-Revolvers empfiehlt es sich daher, mit verschiedenen Kalibern erst einmal die eigenen Grenzen auszuloten.

Eine weitere gute Möglichkeit zur Verringerung des Rückstoßes stellt das Anbringen einer Mündungsbremse oder die so genannte Portierung des Laufs dar. Viele großkalibrige Serienwaffen kommen damit schon ab Werk. Eine gute, auf die Patrone abgestimmte Mündungsbremse verringert den Rückschlag effektiv. Die zahlreichen Bohrungen dieses Vorsatzstückes lenken einen Teil der Verbrennungsgase so um, dass sie die beim Abfeuern der Patrone nach hinten und oben wirkenden Kräfte ausgleichen. Soll nachgerüstet werden, muss entweder ein Modell zum Klemmen auf den Lauf oder ein Mündungsgewinde angebracht werden. Ein am Laufende angebrachtes Korn muss dann allerdings entfernt und weiter rückwärts montiert werden. Nachteil von Mündungsbremsen: sie erhöhen den Schussknall erheblich. Es versteht sich von selbst, dass beim Schießen mit Mündungsbremsen ein besonders wirksamer Gehörschutz getragen wird. Vorsicht ist des Weiteren geboten, wenn im Liegen geschossen wird, was bei der Jagd durchaus vorkommen kann: die nach unten umgelenkten Gase können bei entsprechender Beschaffenheit des Untergrunds eine Menge Staub aufwirbeln.

Wesentlich eleganter ist die Portierung des Laufes. Dabei wird der Lauf nicht durch einen Aufsatz verlängert, sondern erhält an der Oberseite nahe der Mündung schmale, schlitzförmige Austrittsöffnungen, die in einem Spezialverfahren (Funkenerosion) angebracht werden. Die Austrittsöffnungen mindern weder die Präzision noch verringern sie die Mündungsgeschwindigkeit. Die kleinen Schlitze reduzieren aber vorwiegend den Hochschlag, weniger den Rückstoß.

Portierung und Mündungsbremsen stellen geeignete Mittel dar, um das Schießen mit großkalibrigen, rückstoßstarken Patronen angenehmer zu gestalten. Wer dadurch seine Schussleistung verbessern kann, sollte auf sie zurückgreifen.

Aufgelegt schießt sich eine leistungsstarke Kurzwaffe deutlich unangenehmer.

Eine gute Möglichkeit zur Verringerung des Rückstoßes stellt das Anbringen einer Mündungsbremse dar.

Wettkämpfe für Magnum-Faustfeuerwaffen

Mit hochpräzisen, leistungsstarken Revolvern und Pistolen zu schießen, macht Spaß. Noch mehr Spaß bereitet es vielen Schützen, sich dabei mit anderen zu messen. So entstanden rasch Magnum-Wettkämpfe. Im Laufe der Zeit entwickelten sich verschiedene Wettkampfarten, die sich nach Zielentfernungen, Zielarten, Waffentypen oder Mindestenergien ausrichteten. Beim Schießen auf große Distanzen wie dem Metallscheiben- oder Silhouetten-Schießen wurde bzw. wird die Wahl der Waffe nur durch das Regelwerk eingeschränkt. Manchmal schrieben bzw. schreiben Wettkampfvorschriften eine bestimmte Mindestmündungsenergie vor, wie etwa bei der BDMP-Disziplin »Supermagnum«. Darüber hinaus gibt es regionale Wettkämpfe für bestimmte Waffenmodelle, etwa für die Selbstladepistole »Desert Eagle« oder für Casull-Revolver. Schützenvereine haben sich eine Menge einfallen lassen, um mit großkalibrigen und leistungsstarken Kurzwaffen Wettkämpfe auszutragen.

Metallsilhouetten-Schießen

Hier werden Metallscheiben, deren Silhouetten bestimmte Tiere zeigen, auf unterschiedliche Entfernungen beschossen. Die schweren Metallziele müssen nicht nur getroffen, sondern auch umgestoßen werden, was neben präzisen Treffern auch entsprechende Zielenergie verlangt. Silhouetten-Schießen mauserte sich vor allem in Mexiko und den USA zum publikumswirksamen Sport. Treffer werden durch einen metallischen »Klang« angezeigt, die Ziele kippen sichtbar um, oder aber Fehlschüsse wirbeln eindrucksvolle Staubfontänen auf. Es befinden sich mehrere Schützen gleichzeitig am Start und für fünf Schuss hat jeder nur zwei Minuten Zeit.

Die Ursprünge der *siluetas metálicas* führen nach Mexiko. Schon die Guerillas des Revolutionärs Pancho Villa (1878–1923) sollen darin gewetteifert haben, Wild zur Fleischversorgung schon auf möglichst große Entfernungen zu erlegen. Später veranstaltete man dann bei Fiestas auf großen Haciendas Wettschießen auf angebundene Tiere; der Erleger konnte sich über einen Braten freuen. Dieser blutige Brauch hielt sich bis in die 1950er-Jahre, stieß aber mehr und mehr Schützen und Teilnehmer ab. Man ließ sich etwas Besseres einfallen und so kam es 1948 in Guadalajara zu einem ersten Wettkampf auf Metallziele. In Mexiko erfreute sich Silhouetten-Schießen ab den 1960er- bis in die 1980er-Jahre größerer Beliebtheit als Fußball! Die Sportzeitungen waren voll davon. 1975 nahm die Sache auch in den USA Fahrt auf, als Lee Jurras für seinen *Club de Auto Mag* den ersten nationalen US-Wettkampf in Tucson/Arizona ausrichtete, bei dem Stahl-Silhouettenscheiben

Abb. rechts: Eine Zweiermannschaft beim Silhouetten-Schießen besteht aus Schütze und Beobachter (»Spotter«). Aufnahme von der WM in Finnland 2018.

BBPR

Die Stahlscheiben mit vier Tiermotiven stehen in verschiedenen Entfernungen von …

... 50 bis 200 m.

in 50, 100, 150 und 200 m Entfernung beschossen wurden. Mindestkaliber war seinerzeit .357 Magnum. Von den 46 Teilnehmern nutzten aber lediglich 13 S&W-Revolver .357 Magnum, sechs Selbstladepistolen »Auto Mag« und sieben Colt »Python«. Die Mehrzahl zog dickere Kaliber wie .41 Magnum oder .44 Magnum vor. Im Teilnehmerfeld fanden sich berühmte Namen wie Jeff Cooper, Dean Grenell, George Nonte, J. D. Jones und Hal Swiggett. Eine besondere Rolle bei diesem ersten Wettkampf spiele der Millionär Elgin T. Gates, der mit sechs Treffern von 40 möglichen nur Platz 13 belegte, was ihn ziemlich wurmte. Er ließ sich eine »Contender«-Pistole für sein »Wildcat«-Kaliber 7 mm/.223 einrichten, eine .223 Remington-Hülse mit 7-mm-Geschoss. Mit Erfolg, beim nächsten Wettkampf im Oktober 1976 in El Paso/ Texas belegte er unter 53 Schützen mit 28 Treffern Platz 2. Lediglich Organisator Tom Beall war mit 33 von 40 möglichen Treffern besser. Dieser Wettkampf gab Anstoß zur Gründung der *International Handgun Metallic Silhouette Association* (IHMSA), also des Verbandes zum Schießen auf Metallscheiben mit Kurzwaffen. Zu den elf Gründungsmitgliedern zählte Elgin Gates. Da mit Jim Bonsor auch ein Kanadier teilgenommen hatte, ging dieser Wettkampf als erster »internationaler« in die Geschichte des Metallscheibenschießens ein – und Gates konnte die Neugründung völlig legitim als IHMSA bezeichnen. Die Gründungsmitglieder legten die wichtigsten Regeln fest und ließen die IHMSA als Firma (Incorporated) eintragen. Wer künftig einen Metallsilhouetten-Wettkampf austragen wollte, bezog von der Firma Startkarten und die Ergebnisse erschienen im Verbandsblatt *The Silhouette*. Das ist bis heute so geblieben. Die Sache nahm weiter Fahrt auf. Beim ersten großen IHMSA-Wettkampf im Oktober 1977 in San Fernando traten schon 180 Schützen an. Am Jahresende zählte die IHMSA 1291 offizielle Mitglieder; ein Jahr später waren es bereits 5300.

Silhouetten-Schießen ist eine Sportart für Zweier-Mannschaften. Einer schießt, der andere gibt die Treffer an und nimmt die Zeit, danach wird gewechselt. Der Beobachter – »Spotter« genannt –, nicht nur der Schütze, spielt für ein gutes Ergebnis eine Schlüsselrolle. 1989 taten sich Sportschützen in Belgien, Deutschland, Frankreich, Holland, Italien, Österreich und der Schweiz zur AETSM (*Association Européenne des Tireurs Silhouette Metallic*) zusammen und 1993 gründete sich in Paris der Weltverband IMSSU (*International Metallic Silhouette Shooting Union*). Mit IMSSU-Ausweis war jetzt ein Start in jedem Mitgliedsland möglich; in den USA besteht die IHMSA jedoch weiterhin auf ihrem eigenen Ausweis. Ab 1992 erlaubte die IMSSU auch bei Serienwaffen den bis dahin nicht gestatteten Zylinderverschluss; die IHMSA schloss sich nicht an.

Pistole zum Silhouetten-Schießen. Hier eine SARDEC im Kaliber 7 mm GJW.

Remington XP-100 in 7 mm BR.

Wie läuft ein Wettkampf ab?

Die Einteilung der Schützen erfolgt nach Leistung in die drei Klassen »B«, »A« und »International«. Bei entsprechend guten Ergebnissen wechselt der Schütze in die nächst höhere Klasse. Die Schießleistung wird in die so genannte *Score Card* (Punktekarte, Wertungsliste) eingetragen, die bei jedem Wettkampf vorgelegt werden muss. Sie enthält alle bisherigen Ergebnisse und gibt somit auch die Klasse des Schützen an. Meist können auch Gäste an den Wettkämpfen teilnehmen, werden jedoch nicht gewertet. Vor dem eigentlichen Wettkampf kann jeder Schütze fünf Schuss auf der so genannten Einschießbahn abgeben, um das Visier je nach Wetter und Rahmenbedingungen einzustellen.

Im Wettkampf darf nach dem Befehl »Laden« die Waffe aufgenommen und mit maximal fünf Patronen geladen werden. 30 Sekunden später erfolgt die Feuerfreigabe. Wer vorher schießt, darf den Schuss nicht nachschießen. Sollte jemand vor dem Befehl »Laden« schießen, wird er für ein Jahr gesperrt! Innerhalb der nächsten zwei Minuten müssen die fünf Schuss abgegeben werden. Beim Kommando »Ende Schusszeit, Waffen sichern«, oft von einem Hupsignal begleitet, muss die Waffe sofort entladen, entspannt und mit offenem Verschluss gut sichtbar abgelegt werden. 10 Sekunden nach dem Feuereinstellen kommt die Durchsage »Schießbahn sicher«. Wer jetzt noch nicht entladen hat, wird für ein Jahr gesperrt; wer die leere Waffe noch in der Hand hält, wird verwarnt.

Die ersten Wertungsziele stellen die auf 50 m stehenden Hühner dar. Auf der nächsten Bahn stehen die Schweine auf 100 m, dann die Truthähne auf 150 m und schließlich die Widder auf 200 m. Die Ziele werden in verbindlicher Reihenfolge immer von links nach rechts beschossen. Wer das erste Ziel verfehlt, schießt den nächsten Schuss auf das zweite, dann auf das dritte usw. bis zum fünften Ziel. Wird mit dem dritten Schuss das zweite, noch stehende umgeschossen, zählt dies nicht als Treffer, und der vierte Schuss muss dann aufs vierte Ziel von links abgegeben werden. Schlecht ist es natürlich, etwa mit dem zweiten Schuss das dritte Huhn zu treffen, was nicht als Treffer zählt, aber nun steht für den dritten Schuss kein Ziel mehr zur Verfügung. Also hat der Schütze zwei Treffermöglichkeiten verschenkt.

Als Treffer gelten bei Huhn und Truthahn nur umgeschossene Ziele. Dreht sich ein Metalltier nur auf dem Ständer, ohne zu fallen, gilt dies nicht als Treffer. Randtreffer bewirken meist nur ein Drehen. Bei Schwein und Widder zählt als Treffer, wenn das Tier mit einem Bein vom Ständer gestoßen wird. Es muss nicht umkippen.

Gewonnen hat der Schütze mit den meisten Treffern. Bei Gleichstand entscheidet die höhere Trefferzahl bei Widder, dann bei Truthahn und schließlich beim Schwein. Ein Match besteht aus je 2 x 5 Schuss auf vier verschiedene Entfernungen, also zusammen 40 Schuss. Für je fünf Schuss stehen 30 Sekunden zum Laden und danach zwei Minuten zum Schießen zur Verfügung. Angetreten wird in vier Disziplinen:

Stehend: Ein- oder beidhändiger Anschlag ohne Abstützung der Arme.

Freistil: Liegend ohne Abstützung der Waffe am Boden oder einer künstlichen Auflage.

Revolver: Erlaubt sind nur Serien-Revolver. Überarbeitet werden darf nur der Abzug; das Visier kann gegen ein anderes handelsübli-

RPM »XL Hunter« mit Wechselläufen.

»Fliegende Schweine« beim Casull Cup.

Die schweren Stahlschweine vom Podest zu holen, erfordert eine Menge Zielenergie.

Es herrschen überaus harte und demütigende Regeln....

ches getauscht werden. Allerdings darf die Visierung keine optischen Elemente beinhalten (Zielfernrohr oder Rotpunktvisier). Die Griffe dürfen keine verstellbare Handballenauflagen aufweisen.
Unlimited: hier ist fast alles erlaubt; Begrenzungen gibt es nur bei Waffengewicht, Lauf- und Visierlänge.
Silhouetten-Schießen ist eine sehr sichere Sportart mit sehr strengen Regeln. Die Waffe muss während des Manipulierens immer aufs Ziel gerichtet bleiben, toleriert werden Abweichungen von höchstens +/-45 Grad. Auch beim Zielen muss ein Sicherheitstrichter von +/-45 Grad vor der Waffe eingehalten werden. In diesem Bereich darf sich auch kein Körperteil, z. B. ein Fuß, befinden. Den Rückstoß muss der Schütze so abfangen, dass die Waffe nicht mehr als 90 Grad zurückschlägt. Der Lauf darf also nach dem Schuss höchstens senkrecht stehen und nicht nach hinten weisen.

Magnum-Disziplinen bei BDS, DSU und BDMP

Verschiedene deutsche Sportschützenverbände haben Disziplinen im Programm, bei denen auch mit großkalibrigen Magnumwaffen geschossen werden kann.

BDS

Der *Bund Deutscher Sportschützen 1975 e. V.*, kurz BDS, stellt den zweitgrößten deutschen Sportschützenverband und den größten deutschen Verband für Schießsport mit erlaubnispflichtigen Waffen dar.
Beim BDS sind in den Disziplinen 25-Meter-Schießen und Mehrdistanzschießen in der Klasse »Revolver Magnum über .357 Magnum« folgende Patronen zugelassen: .375 Maximum, .41 Remington Magnum, .44 Remington Magnum, .44 Auto Mag, .44 Maximum, .45 Winchester Magnum, .454 Casull, .480 Ruger, .50 Action Express, .500 Smith & Wesson, .460 Smith & Wesson Magnum, .500 Wyoming Express.
Die Waffen müssen über eine offene Visierung verfügen und dürfen nicht mehr als 1700 g wiegen. Kompensatoren oder Mündungsbremsen sind nicht erlaubt. Für die verwendete Munition ist ein Mindestimpuls von 250 festgesetzt. Der Mindestimpuls berechnet sich nach folgenden Formeln:

$$\frac{\text{Geschossgewicht (Gramm) x Mündungsgeschwindigkeit (Fuß/sek.)}}{1000}$$

oder:

$$\frac{\text{Geschossgewicht (g) x 15,432 x Mündungsgeschwindigkeit (m/sek) x 3,281}}{1000}$$

Die schweren Metallschweine müssen bei Casull Cup vollständig von der Auflage gestoßen werden. Das Schwein, das am weitesten geflogen ist, hat gewonnen.

Sitzend aufgelegt mit »Spotter«.

Stehend-Anschlag.

Kleine Sammlung klassischer Waffen für Magnum-Wettkämpfe.

Kipplaufpistole von Freedom Arms mit Zielfernrohr.

zu verwenden, die der Schütze in dieser Disziplin einsetzt. Die Messung darf nur mit vom BDS zugelassenen Messgeräten erfolgen. Bei der Messung beträgt die Entfernung der Waffenmündung zum Messrahmen mindestens 2 m. Die auf diese Weise gemessene Geschwindigkeit wird der Berechnung des Mündungsimpulses zugrunde gelegt. Von einer Patrone der verwendeten Munition wird das Geschoss gezogen und gewogen. Das Gewicht des Geschosses wird zur Berechnung des Mindestimpulses als zweite Größe zugrunde gelegt.

DSU

Die *Deutsche Schießsport Union e. V.* (DSU) wurde 1984 von Erich Monreal in Weißenthurm gegründet. Der sportliche Schwerpunkt liegt im Großkaliberschießen mit besonderer Ausrichtung auf dynamische Kurz- und Langwaffendisziplinen.
Bei den Disziplinen K24 und K27 gibt es eine Klasse für Kurzwaffen über .44 Magnum. Die Wertung erfolgt natürlich separat. Unterteilt wird zudem in Waffen mit und ohne Leuchtpunktvisier. Zugelassen sind Waffen mit einer Lauflänge von mindestens 3 Zoll bis höchstens 8⅜ Zoll. Kompensatoren oder Magnaports sind bei Wettbewerben nicht zugelassen. Verwendet werden dürfen beliebige offene Visierungen aus Kimme und Korn oder ein beliebiges Leuchtpunktvisier ohne Vergrößerung. Spezielle Visierverlängerungen sind nicht zugelassen. Es ist kein Mindestabzugswiderstand vorgeschrieben, jedoch muss dieser so eingestellt sein, dass eine unbeabsichtigte Schussauslösung nicht möglich ist. Der Waffengriff darf keine Handballenauflage aufweisen oder die Hand umschließen.
Zugelassen sind Fabrikmunition und wiedergeladene Munition. Wiedergeladene Munition muss in der Leistung dem jeweiligen Kaliber entsprechen. Wadcutter-Munition ist nicht zugelassen
Die K 24 wird auf 25 Meter geschossen.
Sie besteht aus einem Präzisionsteil (Zeit pro Schuss 60 Sek.) und einem Zeitserienteil (Zeit pro 5 Schuss-Serie 20 Sek.).
Geschossen wird in den drei Stellungen, liegend, kniend, stehend. Anschlag beidhändig.
Die K 27 wird ebenfalls auf 25 m geschossen.
Sie besteht aus einem Präzisionsteil (Zeit pro Schuss 60 Sek.), einem Intervallteil (Zeit pro Einzelschuss 3 Sek. zwischen jedem Schuss 7 Sek. Pause) und einem Zeitserienteil (Zeit pro 5 Schuss-Serie 20 Sek.).
Geschossen wird in den zwei Stellungen stehend und kniend. Anschlag beidhändig.

BDMP

Ursprünglich setzten sich die Mitglieder des *Bundes Deutscher Militär- und Polizeischützen* (BDMP e. V). hauptsächlich aus aktiven Soldaten und Reservisten von Bundeswehr, Bundesgrenzschutz, Polizei sowie Angehörigen von Zoll und Justizbehörden zusammen, die aus beruflichen Gründen ständigen Umgang mit der Waffe pflegten. Sportschützen außerhalb des genannten Personenkreises nahm der BDMP e. V. anfänglich nur auf, wenn sie zwei Fürsprecher aus dem oben genannten Personenkreis anführen konnten, die nicht zwangsläufig auch dem BDMP e. V. angehören mussten. Nach Inkrafttreten des neuen Waffengesetzes erhielt der BDMP e. V. im Oktober 2003 seine Anerkennung als Schießsportverband gemäß §15 WaffG und die Genehmigung zur Sportordnung. Heute kann jeder Mitglied werden, Voraussetzung ist ein polizeiliches Führungszeugnis nicht älter als 6 Monate. Organisatorisch gliedert sich der BDMP in einzelne Landesverbände. Die Sportler sind aber im Gegensatz zu anderen Verbänden direkte Verbandsmitglieder des BDMP e. V. und benötigen somit keine gesonderte Vereinsmitgliedschaft, z. B. in einem Schützenverein. Die meisten Mitglieder des BDMP e. V. finden sich in so genannten *Schießsportleistungsgruppen* (SLG) zusammen, die sich oft aus der beruflichen Arbeit mit der Waffe oder aber aus der Zugehörigkeit zu einem weiteren Schießsportverein ergeben. Es gibt im BDMP e. V. jedoch auch viele Einzelmitglieder, die keiner SLG angehören. In der Disziplin »Super Magnum« kann mit großkalibrigen Kurzwaffen geschossen werden. Benutzt werden können beliebige halbautomatische Pistolen oder *Single Action / Double Action*-Revolver im Kaliber .44 Magnum bis .50 (.500). Die Waffen müssen für einen Gasdruck zugelassen sein, der für eine Mindestgeschossenergie von 1200 Joule erforderlich ist. Sportgriffe und orthopädische Griffe sind nicht zugelassen. Als Visier ist nur die offene Visierung ohne optische Hilfsmittel erlaubt. Auch Schießbrillen, Augenabdeckungen und Irisblenden sind nicht zugelassen. Die Geschossenergie muss bei einer E2-Messung einen Mindestwert von 1200 Joule erreichen. Die Abnahmemessung wird üblicherweise vor Wettkampfbeginn durchgeführt. Dazu können aus dem Wettbewerbskontingent des Schützen willkürlich mindestens 2 Patronen entnommen werden. Geschossen wird auf drei Distanzen:

1) 25 m: 10 Schüsse: 2 x 5 Schüsse in 2 Minuten einschließlich eines eventuellen Nachladens. Jetloader/Speedloader sind erlaubt.

2) 15 m: 10 Schüsse: 2 x 5 Schüsse in Intervallen. Die Scheibe zeigt sich 5 mal für je 3 Sekunden, in denen jeweils 1 Schuss abzugeben ist. Dann erfolgt das Nachladen und ein erneuter Durchgang.

3) 10 m: 10 Schüsse: 2 x 5 Schüsse in Intervallen. Die Scheibe zeigt sich 5 mal für je 2 Sekunden, in denen jeweils 1 Schuss abzugeben ist. Dann erfolgt das Nachladen und ein erneuter Durchgang.

Regionale Wettkämpfe für bestimmte Waffenmodelle

Schützenvereinen steht es frei, Wettkämpfe nach eigenem Belieben durchzuführen. Auch für »Supermagnums« gibt es solche Veranstaltungen. Beliebt sind hier vor allem Selbstladepistolen wie die »Desert Eagle« oder Revolver von Freedom Arms. Es geht natürlich auch ohne bestimmte Waffenmodelle, indem nur ein Mindest-Kaliberdurchmesser oder eine Mindest-Mündungsenergie festgesetzt werden. Solche Wettkämpfe unterlegen dann aber keiner übergeordneten Sportordnung und bleiben reine Vereinsangelegenheit.

Einen überregionalen Bekanntheitsgrad genießt zum Beispiel im schweizerischen Baar der 1996 gegründete *Swiss Desert Eagle Club* der Pistolenschützen Bubikon. Der spezielle Vereinswettkampf wird selbstverständlich ausschließlich mit »Desert Eagle«-Pistolen ausgetragen. Geschossen wird auf die Distanz von 50 m.

Frank Reiche, deutscher Meister mit einem Casull-Revolver, organisierte erstmals 1996 ein so genanntes *Freedom Arms Schießen*, zu dem nur Revolver dieser Firma zugelassen waren. Dabei durften Frauen mit .357-Magnum-Revolvern mit mindestens 1200 Joule starten. Männer mussten mit Mündungsenergien über 2000 Joule antreten; wobei .44 Magnum noch als Kleinkaliber galt. Beim ersten Wettkampf traten 16 Schützen an, doch schnell wuchs das Teilnehmerfeld auf über 100 Starter. Beim *SAR Target Shoot* wurde auf

UIT-Scheiben geschossen und es waren alle *Single Action*-Revolver mit mindestens 1200 Joule Mündungsenergie erlaubt. Daraus hat sich das heutige Freedom-Arms-Schießen mit mehreren Disziplinen entwickelt. Beim Wettkampf *Freedom Arms Cup* sind nur Revolver von Freedom Arms ab Kaliber 454 Casull mit mindestens 2000 Joule zugelassen. Schussdistanz 25 m. Keine Einschränkung hinsichtlich Lauflänge, Visierung, Waffengewicht und Abzugsgewicht. Mag-Na-Ports und Mündungsbremsen sind erlaubt. Es werden Stichproben zur V_0-Messung durchgeführt. Der Wettkampf geht über drei Durchgänge und es werden drei Scheiben beschossen. Scheibe A: 2 x 5 Schuss in 60 sek. Scheibe B: 2 x 5 Schuss in 45 sek. Scheibe C: 2 x 5 Schuss in 30 sek. Bei den »fliegenden Schweinen« wird auf 12 m Entfernung auf Stahlsilhouetten geschossen, die ein Schwein darstellen. Es gibt drei Wertungsklassen:

- Einsteiger-Klasse im Kaliber .357 Magnum.
- Dirty-Harry-Klasse im Kaliber .44 Magnum.
- Casull-Klasse im Kaliber .454 Casull.

Die Stahlschweine stehen auf einem Podest und müssen stehend freihändig zu Boden gebracht werden. Zeit: 10 Schuss in 5 Minuten. Ziel ist es, die Schweine so weit wie möglich nach hinten zu befördern. Es zählt die Entfernung des Schweins, das am weitesten flog. Zugelassen sind alle Revolver- und Pistolentypen. Keine Einschränkungen bezüglich Lauflänge, Visierung, Mündungsbremsen, Abzugsgewicht und Waffengewicht. Der *Super Cup* ist ausgelegt wie der *Freedom Arms Cup*. Zugelassen sind alle Revolver- und Pistolentypen. Keine Einschränkungen bezüglich Lauflänge oder Waffengewicht. Mündungsbremsen sowie Mag-Na-Ports sind zulässig. Mindestkaliber .44 Magnum, Mindestenergie 1200 Joule. Nur offene Visierung, optische Zielhilfen sind nicht erlaubt.

Um an Wettkämpfen erfolgreich teilzunehmen, muss es keine teure Custom Waffe sein. Serienmodelle reichen völlig aus - und davon gibt es eine große Auswahl.

Jagd mit Faustfeuerwaffen

Der Mensch hat so ziemlich jede tragbare Waffe zum Erlegen von Tieren benutzt, die er je erfand. Selbst Faustfeuerwaffen zur Jagd einzusetzen, war nur konsequent. Eine Büchse war und ist natürlich deutlich effektiver: sie ist treffsicherer und hat eine größere Reichweite. Präzise mit einer Kurzwaffe zu schießen, gestaltet sich etwa zehnmal schwieriger als mit einer Büchse. Wer eine Kurzwaffe für die Jagd benutzt, tut es also nicht wegen der Effektivität (Fangschuss ausgenommen). In mancher Hinsicht ähnelt die Jagd mit Faustfeuerwaffen, so wie sie etwa in Nordamerika betrieben wird, der Bogenjagd. Sieht man einmal von besonders weitreichenden Bogentypen ab, handelt es sich bei beiden Typen um Waffen mit verhältnismäßig kurzer Reichweite, die für beständigen Erfolg eine besondere Treffsicherheit des Jägers erfordern. Der Jäger muss sich sehr nah an das Wild heranpirschen. Vielleicht nicht so nah wie der Bogen- oder Armbrustschütze, aber deutlich näher, als wenn er eine Büchse benutzt. Von der sportlichen Herausforderung liegt die Jagd mit der Faustfeuerwaffe damit zwischen Bogen und Büchse. Auch wenn Jagd- und Feldbogenschützen hier vielleicht widersprechen: Eine Kurzwaffe ist präziser als ein Bogen und die Kugel aus einem großkalibrigen Revolver oder einer Pistole wirkt »humaner« als ein Pfeil, da sie sehr schnell tötet. In Europa wird die Jagd (mit Ausnahme des alten England) nicht als Sport angesehen und die Jagd mit Faustfeuerwaffen ist nicht erlaubt. Hier soll der Jäger die effektivste Waffe zur Erlegung des Wildes benutzen, und das ist nun mal die Büchse (oder Flinte bei Niederwild). Andere Länder, allen voran die USA, erlauben hingegen die Jagd mit Faustfeuerwaffen. *Handgun Hunter* haben in vielen US-Bundesstaaten sogar eigene Jagdzeiten, die vor den Zeiten der Büchsenjäger liegen und damit besonders erfolgversprechend sind, da noch kein großer Jagddruck herrscht. Grundsätzlich erfreut sich die Jagd mit Faustfeuerwaffen in den USA großer Beliebtheit und es gibt eigene Zeitschriften wie *American Handgunner*, die sich nur damit bzw. mit den Kurzwaffen an sich beschäftigen. In den einzelnen US-Bundesstaaten herrscht jedoch eine verwirrend große Vielfalt an Vorschriften, was Jagdzeiten und die Anforderungen an die verwendeten Waffen angeht. In den meisten Staaten gibt es Beschränkungen bei Lauflänge und Kaliber. Handfeuerwaffen zur Hirschjagd müssen beispielsweise in Maryland ein Mindestkaliber von .40 (= 40 Hundertstel Zoll; 10.1 mm) und eine Lauflänge von mindestens 6 Zoll (15,24 mm) aufweisen. Wer also als Ausländer in den USA mit der Kurzwaffe jagen möchte, sollte sich vorher genau nach den Jagdgesetzen und Jagdwaffen-Vorschriften des jeweiligen Bundesstaates erkundigen. Auch einige afrikanische Staaten, darunter Mosambik, Südafrika und Simbabwe, erlauben die Jagd mit Faustfeuerwaffen. Das nutzen vor allem betuchte US-Faustfeuerwaffenjäger gern. Zahlreiches Großwild vom Büffel bis zum Elefanten wurde mit Revolvern oder Pistolen erlegt.

Die Kipplaufpistole »Contender« zählt zu den beliebtesten Kurzwaffen für die Jagd.

Faustfeuerwaffen für die Jagd

Für die Jagd auf Schalenwild taugliche Kurzwaffen lassen sich in drei Hauptkategorien einteilen:

- Revolver
- Selbstladepistolen
- Einzelladerpistolen

Revolver erfreuen sich der größten Beliebtheit. Sie erlauben es, stärkere Patronen zu verwenden als halbautomatische Pistolen, und haben gegenüber der Einzelladerpistole eine höhere Feuerkraft. Spannabzugs-Revolver (*Double Action*) bieten zwar eine schnellere Schussfolge, doch bei Jagdrevolvern haben Hahnspanner (*Single Action*) eindeutig die Nase vorn. Abgesehen von besonders hochwertig verarbeiteten Spitzenmodellen lassen die Abzugseigenschaften der meisten *Double-Action-Modelle* zu wünschen übrig. Bei der Jagd zählt jedoch bekanntlich der erste Treffer. Wählt man nicht gerade eines der sperrigen und schweren Riesenmodelle von BFR oder einen S&W-Revolver mit ganz großem Rahmen, z. B. die Modelle 460XVR oder 500, sind Revolver relativ führig. Wer eine Zieloptik verwenden möchte, sollte einen werkseitig für die Aufnahme von Zielfernrohrbasen/-ringen ausgestatteten Typ wählen.

Bei den Selbstladepistolen führen in der Gunst der Jäger die ganz großkalibrigen Modelle mit hoher Mündungsenergie wie etwa »Desert Eagle«, »Coonan« oder »Grizzly«. Patronen .44 Magnum oder .50 Action Express lassen sich noch in halbautomatischen Pistolen unterbringen. Pistolen Typ M1911 werden gern für starke Jagdpatronen eingerichtet, wie z. B. .45 Super und .460 Rowland. Wildey-Pistolen in .475 Wildey Magnum und .45 Winchester Magnum gelten ebenfalls als gute Wahl, sind aber heute gesuchte Sammlerstücke, die meist in Tresoren liegen und kaum noch jagdlich eingesetzt werden.

Einzelladerpistolen mit Kipplauf-, Block- oder Kammerverschluss haben Freunde bei Jägern, denen es auf hohe Reichweite und/oder hohe Mündungsenergie ankommt. Führende Typen stellen hier die preisgünstigen Thompson/Center-Pistolen »Contender« und »Encore« dar. Es gibt sie in vielen leistungsstarken Kalibern, auch für Büchsenpatronen, und sie lassen sich einfach mit Wechselläufen umrüsten. Custom-Läufe hierfür wurden wohl schon für jedes erdenkliche Kaliber eingerichtet. Beliebt bei US-Jägern sind auch die Pistolen Typ Precision Pro Series 2000, Remington XP-100 und Weatherby CFP.

Optiken für Jagdfaustfeuerwaffen

Zielfernrohre oder Rotpunktvisiere erhöhen die Treffsicherheit von Kurzwaffen bei ruhigen, gezielten Schüssen enorm. Revolver werden gern mit zwei- bis vierfach vergrößernden Zielfernrohren oder einem Rotpunktvisier versehen. Bei Einzelladerpistolen sind sogar noch stärkere Vergrößerungen beliebt. Das Anbringen eines Zielfernrohrs erhöht die Gesamtmasse der Waffe, was wiederum den Rückstoß verringert. Die Verwendung eines Zielfernrohrs an einer Faustfeuerwaffe ist sicher etwas gewöhnungsbedürftig. Aber wenn der Augenabstand stimmt, hat der Schütze den Bogen meist nach kurzer Zeit raus. Die Montageteile für die Zieloptik sollten von hoher Qualität sein, denn eine Kurzwaffe erzeugt mehr Belastung als das Gewehr eines ähnlichen Kalibers. Bei sehr großkalibrigen Kurzwaffen wird oft ein zusätzlicher Ring installiert, um das Zielfernrohr an Ort und Stelle zu halten.

Die Munition - auf das richtige Geschoss kommt es an

Für die Jagd auf Schalenwild steht eine Reihe geeigneter Kurzwaffenpatronen zur Verfügung. Um die beste Leistung zu erzielen, benötigt man aber das richtige Geschoss. Ein Loch in eine Papierscheibe zu stanzen oder ein Eisenschwein vom Podest zu schubsen, ist eine Sache. Einen Hirsch oder ein Wildschwein mit einem gezielten Schuss schnell zu töten, eine ganz andere. Zur Wahl des richtigen Geschosses lohnt ein Blick auf die Wundballistik. Eine Kugel tötet, indem sie Gewebe zerstört, Blutgefäße aufreißt, damit Blutungen auslöst und schließlich den Blutdruck auf Null senkt. Damit wird dem Gehirn der

Jagdrevolver aus dem S&W Performance Center, ausgestattet mit Rotpunktvisier und Laser (in der BRD nicht erlaubt).

Mit Zielfernrohr ausgestattete »Desert Eagle«.

Rugers »Super Redhawk« ist für die Montage eines Zielfernrohres ab Werk vorbereitet.

Sauerstoff entzogen, was zu Bewusstlosigkeit und schließlich zum Tod führt. Wie schnell das geschieht, hängt vom Ausmaß der Gewebezerstörung ab und davon, wie schnell das Blut abfließen kann. Maßgeblich für ein schnelles Verenden des Tieres ist damit das Wundvolumen, also wieviel Gewebe vom Durchschlag des Geschosses zerstört und blutend zurückgelassen wird. Eine Austrittswunde ist förderlich, um das Blut abfließen zu lassen. Diese Zerstörungsarbeit muss aber an der richtigen Stelle im Wildkörper erfolgen, um effektiv zu wirken. Hier kommt es auf die Härte und den Aufbau des Geschosses an. Je weicher ein Geschoss, desto stärker kann es sich ausdehnen. Die führt zu breiteren Wundkanälen, mindert aber die Durchschlagskraft, weil ein Teil der kinetischen Energie zur Verformung des Geschosses verwendet wird. Je härter ein Geschoss, desto weniger verformt es sich und desto tiefer dringt es ein. Mit zunehmender Eindringtiefe neigt der Durchmesser des Wundkanals zum Abnehmen. Je nach Geschossaufbau kann sich also ein breiter, aber kurzer Wundkanal bilden. Es entsteht ein kleinerer, aber dafür längerer Wundkanal, wenn sich das Geschoss weniger verformt. Oder es verformt sich überhaupt nicht und bildet einen langen schmalen Wundkanal. Die Vitalzone fällt bei jeder Tierart unterschiedlich groß aus. Dies muss der Jäger bei der Wahl des Geschosses berücksichtigen, um eine optimale Wirkung zu erzielen. Die Beschaffenheit des Wundkanals muss auf die Vitalzonen-Abmessungen des zu bejagenden Wildes abgestimmt sein. Der Wundkanal muss nicht nur die lebenswichtigen Organe erreichen, sondern sie auch vollständig durchdringen. Bei starkem Wild oder Großwild ist daher die Eindringtiefe entscheidend. Das Geschoss darf seine Energie nicht verschwenden, indem es sich frühzeitig verformt und damit verlangsamt, es soll einen langen, wenn auch engen Wundkanal schaffen. Über seine Gesamtlänge von vielen Zentimetern wird so ein ziemlich großes Wundkanal-Volumen erzeugt. Für die Jagd auf schweres und starkes Wild wie Büffel, Elche oder Bären werden daher stumpfnasige, nicht expandierende Vollgeschosse bevorzugt. Würde man damit auf ein Reh schießen, schlägt die Kugel von einer Seite zur anderen mit demselben engen Wundkanal durch, hinterlässt aber einen viel kürzeren Wundkanal mit deutlich weniger Volumen, da ein Reh ein viel kleineres Tier ist. Dieser Wundkanal führt zu deutlich weniger Gewebeschäden als bei größerem Wild. Dies kann zu längeren Fluchtstrecken führen, bevor das Reh zusammenbricht. Ein sich schnell ausdehnendes Geschoss erzeugt hier aufgrund des größeren Wunddurchmessers eine weitaus bessere und schnellere Wirkung.

Jagdlich geeignete Fabrikmunition

Wer seine Munition nicht selbst lädt und auf Fabrikmunition angewiesen ist, kann auf eine kleine, aber sehr gute Auswahl an Faustfeuerwaffen-Laborierungen mit Jagdgeschossen zurückgreifen. Die Fusion-Patronen laboriert Federal mit einem Holhlspitz-Verbundkerngeschoss. Auf diese Art übertrug Federal die Geschosstechnologie eines Büchsengeschosses auf die Kurzwaffenmunition. Das Kupfermantelgeschoss weis im Vorderteil Deformationsrillen auf und expandiert auch bei niedriger Zielgeschwindigkeit. Das Restgewicht bleibt sehr hoch, da die Geschosse durch den mit dem Mantel verbundenen Bleikern kaum an Gewicht verlieren. Federal bietet Fusion-Munition in den Kalibern 10 mm Auto, .357 Magnum, .44 Magnum, .454 Casull, .460 S&W, .500 S&W und .50 AE an. Die Fusion-Patronen eignen sich sehr gut für leichtes und mittelschweres Wild, auch auf größere Distanzen.

Die zweite für Kurzwaffen-Jäger interessante Federal-Patronenserie laboriert die Firma mit den für schweres Wild gedachten Swift A-Frame-Geschossen Auch hier lehnt sich das Kurzwaffengeschoss am gleichnamigen Büchsengeschoss an. Wie der Name besagt, gleicht das Geschoss im Querschnitt einem »A«, wobei eine massive Wand die vorderen und hinteren Bleikerne trennt. Dadurch erzielt das A-Frame-Projektil eine sehr hohe Durchschlagskraft. Derzeit bietet Federal acht verschiedene A-Frame-Jagdladungen für Kurzwaffen an; die Kaliberpalette reicht von .327 Federal Magnum bis .500 Smith & Wesson Magnum. Sehr ähnlich in Aufbau und Wirkung ist die Partition-Gold-Serie von Winchester. Auch bei den Partition-Gold-Geschossen handelt es sich um Zweikammergeschosse mit Trennwand zwischen den Bleikernen. Sie sind bekannt für ihr tiefes, geradliniges Eindringen

Moderne Hohlspitzgeschosse pilzen zuverlässig auf, verlieren aber wenig Masse.

und gehören zur Lieblingsmunition amerikanischer Elchjäger.

Hornadys Handgun-Hunter-Munitionsserie verwendet MonoFlex-Geschosse mit Kupferlegierung-Ummantelung und Elastomer-Einsatz. Beim Auftreffen der Kugel komprimiert sich das Elastomer schnell und leitet die Expansion ein. Einschnitte am Geschoss unterstützen die Ausdehnung. MonoFlex-Geschosse erzeugen große Wundkanäle und verursachen bei leichtem Wild einen enormen Schock. Hornady bietet die Handgun-Hunter-Patronen in verschiedenen Kalibern von 9 mm Luger bis .460 S&W Magnum an.

Die XPB-Kurzwaffenmunition von Barnes verwendet monolithische Kupfergeschosse. Die XPB-Pistol-Bullets mit offener Hohlspitze und sechs Sollbruchstellen im Expansionsraum zeigen im Grunde den gleichen Aufbau wie Büchsengeschosse. Die Bohrung im Geschosskopf fällt sehr breit und tief aus und reicht, je nach Geschoss, fast bis zur Mitte des Projektils. Bei genügend hoher Zielgeschwindigkeit soll sich der Geschossdurchmesser nahezu verdoppeln, dann wird der Expansionsvorgang aber durch den massiven unteren Geschossteil gestoppt. Absicht ist hier ein schnelles Ansprechen sofort nach dem Eindringen und eine möglichst hohe Tiefenwirkung durch die hohe Geschossmasse. Barnes laboriert mit dem XPB-Geschoss im Rahnen der Vor-Tex-Munitionsreihe neun verschiedene Kaliber von 9 mm Luger bis .454 Casull.

Dem Wiederlader steht eine erheblich breitere Geschossauswahl zur Verfügung. Wer ein »Wildcat«-Kaliber schießt, kommt um das Selbstladen der Patronen ohnehin kaum herum. Es gibt hier viele interessante Geschosse aus den USA von Herstellern wie Hawk, oder Speer. Das »Deep Curl« etwa stellt ein hervorragendes Geschoss für die Kurzwaffenjagd dar, das es leider nicht in Fabrikpatronen gibt. Aber auch aus Deutschland kommt mit dem HDB von Michael Reichenberger ein ausgezeichnetes Jagdgeschoss, leider nur in den Durchmessern .357 und .423 mit jeweils zwei Geschossgewichten. Reichenberger fertigt die HDB-Geschosse aus Kupfer-Stangenmaterial. Computergesteuerte Fertigungsmaschinen drehen die Projektile in Form, bohren die Hohlspitze und legen Sollbruchstellen an. Zum Abschluss werden die Geschosse noch mit schwarzem Gleitlack beschichtet, um Laufverschmierungen zu reduzieren. Die Kurzwaffen-HDB-Projektile sind nicht anders aufgebaut wie die Büchsengeschosse mit offener Hohlspitze und sechs Sollbruchstellen im Expansionsraum. Die Bohrung im Geschosskopf fällt recht groß, aber nicht sonderlich tief aus. Ziel ist hier offensichtlich das schnelle Ansprechen sofort nach dem Eindringen, dann aber eine möglichst hohe Tiefenwirkung durch die nicht allzu große Kopffläche. Bei Versuchen des Verfassers mit Patronen .357 Magnum und .44 Magnum pilzten die Geschosse im Seifenblock bis auf etwa den 1,3-fachen Kaliberdurchmesser auf. Masseverlust war nicht festzustellen. Die Durchschlagsleistung war sehr hoch.

Gegossene Bleigeschosse – günstig und gut

Mantelgeschosse sind für bestimmte Kaliberdurchmesser nicht nur schwer erhältlich, sondern auch ziemlich teuer. Viele Schützen gießen daher ihre Geschosse selbst aus Blei. Bei den aus Kurzwaffen erreichbaren Geschwindigkeiten stellen Bleigeschosse auch kein Problem dar, sofern man den Geschossboden vor dem Anschmelzen durch die heißen Pulvergase schützt. Dies lässt sich mit einem Kupferschuh bewerkstelligen, dem so genannten Gas-Check, der einfach aufgesteckt wird, sofern das Geschoss die dafür notwendige Abstufung am Geschossboden besitzt. Das Gießen an sich gestaltet sich weder schwierig noch besonders aufwändig. Man benötigt dazu lediglich a) eine Kugelzange, mit der sich ein, zwei- oder auch vier Geschosse auf einmal gießen lassen, b) eine Möglichkeit, Blei zu schmelzen (hier reicht schon ein Stahltopf auf einem Gaskocher) und c) eine Fett- und Kalibrierpresse, um das gegossene Geschoss auf den genauen Geschossdurchmesser zu kalibrieren und die Fettrillen mit Schmiermittel zu füllen. So

Patronen .500 S&W mit Hartbleigeschossen. Beliebte Jagdmunition bei US-Jägern.

eine Ausrüstung zum Geschossgießen und Kalibrieren kostet rund 200–250 €. Damit lassen sich mit etwas Übung etwa 150–200 Geschosse in der Stunde herstellen. Im Vergleich zu teuer gekauften Mantelgeschossen hat sich die Ausrüstung nach ein paar Hundert Geschossen bereits amortisiert. Das Blei erhält man für wenig Geld beispielsweise von Reifenbetrieben, die gebrauchte Auswucht-Bleie gern abgeben. Sehr gut eignet sich auch Linotype-Blei von Druckereien. Leider heute nicht mehr so einfach zu bekommen, da es Druckereien, die Bleibuchstaben verwenden, kaum noch gibt.

Ballistisch zeigen sich Bleigeschosse Mantelgeschossen oft sogar überlegen. Nicht ohne Grund bevorzugen viele amerikanische Kurzwaffenjäger Hartbleigeschosse zur Jagd. Die Härte des gegossenen Geschosses übt neben seiner Form einen direkten Einfluss auf die Durchdringungsfähigkeit aus. Je weicher ein gegossenes Geschoss, desto stärker expandiert es. Bei der Geschossherstellung lassen sich Härte und Zähigkeit durch Zugabe von Antimon variieren, oder indem man Radwucht-Blei mit Linotype-Blei mischt. Je höher der Linotype-Gehalt, desto härter das Geschoss. Ein Geschoss aus reinem Linotype-Blei kommt auf eine Brinellhärte (BH) von 22 und wird sich nicht mehr verformen. Für eine »heiße« .44 Magnum-Laborierung reichen aber 12 BH völlig aus. Über das Gießen von

Bleigeschossen gibt es hervorragende Bücher, die dieses spannende Thema ausführlich behandeln, etwa das *Cast Bullet Book* von Lyman. Bleigeschosse schonen den Lauf und kosten wenig. Überdies ist es etwas Besonderes, auf der Jagd selbst hergestellte Geschoss zu verwenden.

Man kann seine gegossenen Geschosse außerdem thermisch behandeln und damit die Härte erheblich steigern. Geschosse aus Wuchtblei haben eine Brinnelhärte (BH) von 13. Durch Erhitzen lässt sich diese Härte erheblich steigern. Dazu kommen die Geschosse in den Backofen. Zuerst aber gilt es die Maximaltemperatur herauszufinden. Dazu einige Geschosse in den Backofen stellen und die Hitze so lange erhöhen, bis die Geschosse anfangen an den Fettrillen rund zu werden. Jetzt die Temperatur etwas zurücknehmen und den Backofen mit Geschossen beschicken, die auf dem Backblech mit etwas Abstand zueinander stehen. Nach etwa einer Stunde die Geschosse vom Blech in einen Eimer mit kaltem Wasser kippen. Sie haben jetzt etwa 20 Brinell. Nicht sofort verwenden, sondern einen Monat liegen lassen, wodurch sich der Brinell-Wert noch etwas erhöht. Solche Geschosse lassen sich etwa ein Jahr lagern, danach verliert das Blei wieder an Härte.

Performance-Geschosse von Cast

Wer seine Bleigeschosse nicht selbst gießen möchte, kann sie auch fertig kaufen, und zwar in hervorragender Qualität. Die *Cast Performance Bullet Company* stellt in Riverton/Wyoming hochwertige Hartguss-Bleigeschosse her. Sie werden nicht nur an Wiederlader verkauft, sondern auch von einigen Munitionsherstellern wie CorBon, Federal und Buffalo Bore in Fabrikmunition verladen. Für viele US-Kurzwaffenjäger stellen die superharten, aber nicht splitternden Performance-Geschosse die erste Wahl bei der Jagd auf schweres Schalenwild oder Großwild dar. Cast härtet die Geschosse auf 18–21 Brinell, bestückt sie mit einem Gas-Check und versieht sie mit einem Trockenschmiermittel. Sie hinterlassen kaum Rückstände im Lauf und eignen sich für hohe Geschwindigkeiten. Performance-Projektile von Cast vertreiben in Deutschland einige Händler für Wiederladezubehör, etwa Johannsen Jagd oder Grauwolf.

Zubehör für die Jagd mit Faustfeuerwaffen

Wichtig ist ein gutes Holster, damit sich die Waffe sicher am Körper tragen lässt und die Hände frei sind. Es hat die Aufgabe, die Waffe zu schützen und gegen Verlust zu sichern. Aus Sicherheitsgründen sollte es den Abzug unbedingt bedecken. Am besten für die Jagd eignen sich Holster mit Klappe, die die Waffe ganz umschließen und den Griff vor Beschädigungen schützen, etwa wenn man sich durch Dorngebüsch oder in tiefster Gangart auf felsigem Untergrund bewegt. Sehr große und langläufige Revolver und Einzelladerpistolen verfügen meist über Riemenbügelösen und werden wie eine Büchse am Riemen getragen. Insbesondere bei Waffen mit geporteten Läufen sollte der Jäger auf einen guten Gehörschutz nicht verzichten. Er schützt nicht nur das Gehör, sondern hilft auch das »Mucken« durch den lauten Schussknall zu vermeiden.

Bei rückstoßstarken Kalibern sind gepolsterte Schießhandschuhe sehr angenehm. Ein präziser Schuss gelingt meist besser, wenn die Waffe aufgelegt werden kann – etwa beim Liegendanschlag auf dem Rucksack, angestrichen an einem Baum oder Zaunpfahl, oder

Mit Remington XP-100 im Ausland erlegter Rehbock.

auch aufgelegt auf einem Felsblock. Problematisch kann es werden, wenn keine dieser Möglichkeiten besteht. Erfahrene Kurzwaffenjäger führen daher oft einen Schießstock mit. Am besten ein Dreibein, das sich schnell in der Höhe verstellen lässt und einen stehenden, knienden oder sitzenden Anschlag erlaubt. Die Jagd mit Faustfeuerwaffen ist eine faszinierende Sache, die aber viel Übung erfordert. Lebt man in Europa, kommt leider noch eine weite Reise, oft auf einen fernen Kontinent wie Afrika, Asien oder Amerika, hinzu.

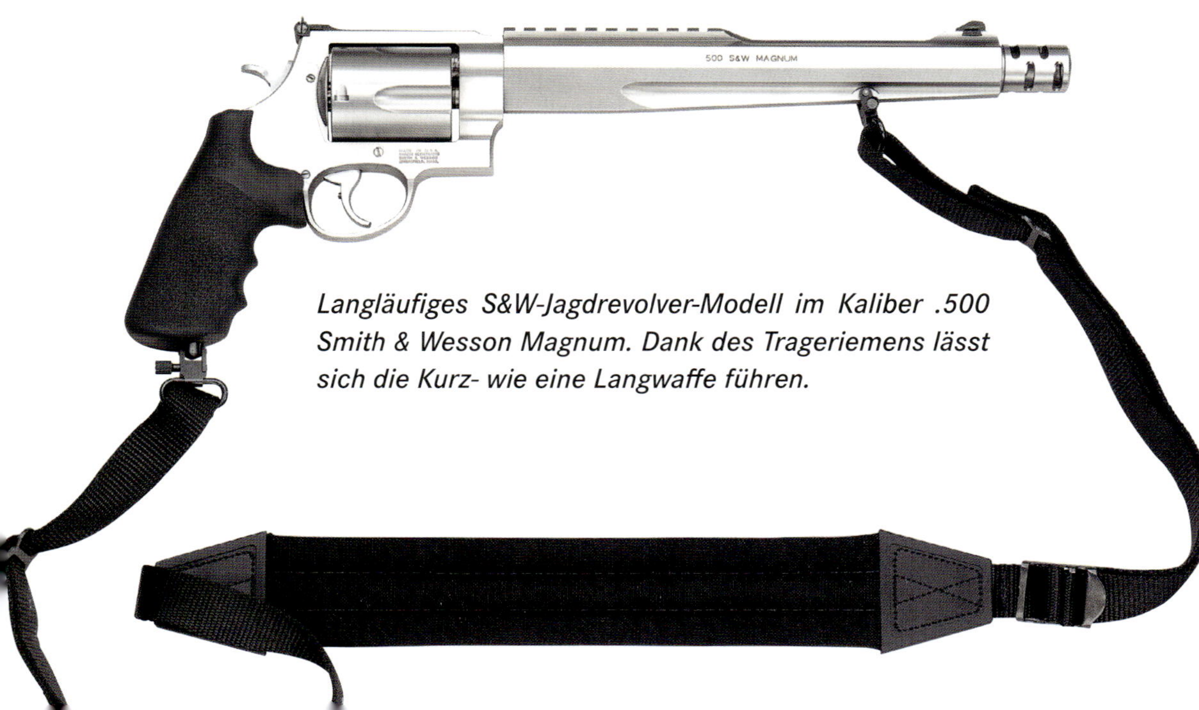

Langläufiges S&W-Jagdrevolver-Modell im Kaliber .500 Smith & Wesson Magnum. Dank des Trageriemens lässt sich die Kurz- wie eine Langwaffe führen.

Nabelschwein (Pekari) erlegt mit .44 Magnum auf 75 Yards (68,6 m).

Mit Revolver erlegter Muffelwidder.

Mit »Contender«-Pistole in Afrika erlegter kapitaler Warzenkeiler.

Selbst wehrhaftes und schusshartes Großwild wie Kaffernbüffel haben Jäger schon mit Magnum-Revolvern oder -Pistolen erlegt.

Jagdgeschosse von Wim Degol mit feiner Gewichtsabstufung.

Zur abschließenden Erbauung:

Magnum-Revolver taugen nicht nur zum Schießen und Jagen, sondern lassen sich auch in Kunstgegenstände verwandeln, wie diese meisterlich von Johannes Scharnagel gravierten Einzelstücke belegen.

Anhang: Kaliberübersicht mit Leistungsdaten

Kaliber	Geschoss und Geschossgewicht	V_0 in m/sek	E_0 in Joule	Lauflänge
.22 Magnum	V-Max 30 grs	510	253	7 ½ Zoll
.22 Magnum	TM-Hohlspitz 40 grs	329	140	4 Zoll
.22 Jet	TM-Flachkopf 40 grs.	570	421	6 Zoll
.32 H&R Magnum	TM-Hohlspitz 85 grs.	341	320	6 Zoll
.327 Federal Mag.	TM-Hohlspitz 100 grs.	441	790	4 Zoll
.357 Magnum	TM-Hohlspitz 125 grs.	420	715	4 Zoll
.357 Magnum	Hydra Shock 158 grs.	402	825	6 Zoll
.357 Magnum	Hydra Shock 258 grs.	511	1332	14 Zoll Contender
.357 Maximum	TM-Hohlspitz 158 grs.	556	1583	10 ½ Zoll
.357 Maximum	TM-Hohlspitz 180 grs.	474	1310	10 ½ Zoll
.357 Super Mag.	TM-Hohlspitz 210 grs.	465	1471	8 Zoll
.357 Super Mag.	FMJ 220 grs.	390	1084	8 Zoll
9 mm Win. Mag.	VM 115 grs.	440	728	4 ½ Zoll
.400 Corbon	VM 139 grs.	435	852	4 ½ Zoll
.41 Magnum	HTP 210 grs.	396	1068	6 Zoll
.41 Magnum	XPB 180 grs.	460	1234	6 Zoll
.414 Super Mag.	Silhouette 210 grs.	460	1440	8 Zoll
.429 Desert Eagle	TM-HP 210 grs	518	1827	6 Zoll
.440 Corbon	TMF 240 grs.	487	1844	6 Zoll
.440 Corbon	TMF 300 grs.	368	1316	6 Zoll
.445 Super Mag.	FMJ 240 grs.	460	1645	10 Zoll
.445 Super Mag.	TMF 300 grs.	420	1715	10 Zoll
.44 Magnum	XTP 240 grs.	412	1320	6 Zoll
.44 Magnum	XTP 300 grs.	351	1198	6 Zoll
.44 Magnum	TMF 240 grs.	473	1739	9 ½ Zoll
.44 AMP	TM-Hohlspitz 240 grs.	469	1711	6 ½ Zoll
.44 AMP	TM-Hohlspitz	489	1860	8 ½ Zoll
.445 Super Mag.	TM-HP 250 grs.	550	2450	8 Zoll

Kaliber	Geschoss und Geschossgewicht	V_0 in m/sek	E_0 in Joule	Lauflänge
.454 Casull	TM-HP 260 grs.	548	2536	7 ½ Zoll
.454 Casull	XTP 300 grs.	503	2458	7 ½ Zoll
.450 Mag.Express	TM-HP 185 grs.	610	2228	7 ½ Zoll
.450 Mag. Express	TM-HP 260 grs.	530	2366	7 ½ Zoll
.450 Mag. Express	TM-HP 300 grs.	490	2334	7 ½ Zoll
.45 Win. Mag.	VM, 230 grs.	470	1670	10 Zoll
.45/70 Gov.	TM-HP 300 grs.	450	1968	10 Zoll
.45 Silhouette	TM-HP 300 grs.	435	1839	10 Zoll
.460 S&W	TM-HP 200 grs.	700	3175	8 ⅜ Zoll
.460 Rowland	TMF, 200 grs.	474	1456	5 ½ Zoll
.475 Wildey	TMR, 250 grs.	520	2190	10 Zoll
.475 Linebaugh	TMF, 380 grs.	490	2956	6 Zoll
.475 Linebaugh	XTP, 400 grs.	396	2032	6 Zoll
.480 Ruger	TMF, 325 grs.	325	1779	7 ½ Zoll
.500 Linebaugh	TMF, 350 grs.	440	2823	6 ½ Zoll
.500 Linebaugh Long	TMF, 350 grs.	475	3042	6 ½ Zoll
.500 Linebaugh Long	TMF, 440 grs.	460	3017	6 ½ Zoll
.50 Action Express	VM, 300 grs.	400	1555	6 Zoll
.500 S&W	VMF, 325 grs.	549	3174	8 ⅜.Zoll
.500 S&W	TMF, 400 grs.	490	3112	8 ⅜ Zoll
.500 Wyoming Expr.	TMF, 400 grs.	470	2863	7 ½ Zoll
.50 Alaskan	TMF 525 grs.	425	3073	8 ⅜ Zoll

diewaffen
brüder.de
Als BERECHTIGTER
Waffen &
Munition
einfach ONLINE
KAUFEN!
Die Waffenbrüder GbR
Am Baumgarten 5
91463 Dietersheim
info@DieWaffenbrueder.de
www.DieWaffenbrüder.de